振兴祥中式服装制作技艺

# 振兴祥中式服装制作技艺

**总主编 金兴盛**

浙江省非物质文化遗产代表作丛书

浙江摄影出版社

包文其 丁尧强 李 玉 编著

# 总　序

中共浙江省委书记
省人大常委会主任　夏宝龙

　　非物质文化遗产是人类历史文明的宝贵记忆，是民族精神文化的显著标识，也是人民群众非凡创造力的重要结晶。保护和传承好非物质文化遗产，对于建设中华民族共同的精神家园、继承和弘扬中华民族优秀传统文化、实现人类文明延续具有重要意义。

　　浙江作为华夏文明发祥地之一，人杰地灵，人文荟萃，创造了悠久璀璨的历史文化，既有珍贵的物质文化遗产，也有同样值得珍视的非物质文化遗产。她们博大精深，丰富多彩，形式多样，蔚为壮观，千百年来薪火相传，生生不息。这些非物质文化遗产是浙江源远流长的优秀历史文化的积淀，是浙江人民引以自豪的宝贵文化财富，彰显了浙江地域文化、精神内涵和道德传统，在中华优秀历史文明中熠熠生辉。

　　人民创造非物质文化遗产，非物质文化遗产属于人民。为传承我们的文化血脉，维护共有的精神家园，造福子孙后代，我们有责任进一步保护好、传承好、弘扬好非物质文化遗产。这不仅是一种文化自觉，是对人民文化创造者的尊重，更是我们必须担当和完成好的历史使命。对我省列入国家级非物质文化遗产保护名录的项目一项一册，编纂"浙江省非物质文化遗产代表作丛书"，就是履行保护传承使命的具体实践，功在当代，惠及后世，有利于群众了解过去，以史为鉴，对优秀传统文化更加自珍、自爱、自觉；有利于我们面向未来，砥砺勇气，以自强不息的精神，加快富民强省的步伐。

党的十七届六中全会指出，要建设优秀传统文化传承体系，维护民族文化基本元素，抓好非物质文化遗产保护传承，共同弘扬中华优秀传统文化，建设中华民族共有的精神家园。这为非物质文化遗产保护工作指明了方向。我们要按照"保护为主、抢救第一、合理利用、传承发展"的方针，继续推动浙江非物质文化遗产保护事业，与社会各方共同努力，传承好、弘扬好我省非物质文化遗产，为增强浙江文化软实力、推动浙江文化大发展大繁荣作出贡献！

（本序是夏宝龙同志任浙江省人民政府省长时所作）

# 前　言

浙江省文化厅厅长　金兴盛

　　要了解一方水土的过去和现在，了解一方水土的内涵和特色，就要去了解、体验和感受它的非物质文化遗产。阅读当地的非物质文化遗产，有如翻开这方水土的历史长卷，步入这方水土的文化长廊，领略这方水土厚重的文化积淀，感受这方水土独特的文化魅力。

　　在绵延成千上万年的历史长河中，浙江人民创造出了具有鲜明地方特色和深厚人文积淀的地域文化，造就了丰富多彩、形式多样、斑斓多姿的非物质文化遗产。

　　在国务院公布的四批国家级非物质文化遗产名录中，浙江省入选项目共计217项。这些国家级非物质文化遗产项目，凝聚着劳动人民的聪明才智，寄托着劳动人民的情感追求，体现了劳动人民在长期生产生活实践中的文化创造，堪称浙江传统文化的结晶，中华文化的瑰宝。

　　在新入选国家级非物质文化遗产名录的项目中，每一项都有着重要的历史、文化、科学价值，有着典型性、代表性：

　　德清防风传说、临安钱王传说、杭州苏东坡传说、绍兴王羲之传说等民间文学，演绎了中华民族对于人世间真善美的理想和追求，流传广远，动人心魄，具有永恒的价值和魅力。

泰顺畲族民歌、象山渔民号子、平阳东岳观道教音乐等传统音乐，永康鼓词、象山唱新闻、杭州市苏州弹词、平阳县温州鼓词等曲艺，乡情乡音，经久难衰，散发着浓郁的故土芬芳。

泰顺碇步龙、开化香火草龙、玉环坎门花龙、瑞安藤牌舞等传统舞蹈，五常十八般武艺、缙云迎罗汉、嘉兴南湖掼牛、桐乡高杆船技等传统体育与杂技，欢腾喧闹，风貌独特，焕发着民间文化的活力和光彩。

永康醒感戏、淳安三角戏、泰顺提线木偶戏等传统戏剧，见证了浙江传统戏剧源远流长，推陈出新，缤纷优美，摇曳多姿。

越窑青瓷烧制技艺、嘉兴五芳斋粽子制作技艺、杭州雕版印刷技艺、湖州南浔辑里湖丝手工制作技艺等传统技艺，嘉兴灶头画、宁波金银彩绣、宁波泥金彩漆等传统美术，传承有序，技艺精湛，尽显浙江"百工之乡"的聪明才智，是享誉海内外的文化名片。

杭州朱养心传统膏药制作技艺、富阳张氏骨伤疗法、台州章氏骨伤疗法等传统医药，悬壶济世，利泽生民。

缙云轩辕祭典、衢州南孔祭典、遂昌班春劝农、永康方岩庙会、蒋村龙舟胜会、江南网船会等民俗，彰显民族精神，延续华夏之魂。

我省入选国家级非物质文化遗产名录项目，获得"四连冠"。这不仅是我省的荣誉，更是对我省未来非遗保护工作的一种鞭策，意味着今后我省的非遗保护任务更加繁重艰巨。

重申报更要重保护。我省实施国遗项目"八个一"保护措施，探索落地保护方式，同时加大非遗薪传力度，扩大传播途径。编撰浙江非遗代表作丛书，是其中一项重要措施。省文化厅、省财政厅决定将我省列入国家级非物质文化遗产名录的项目，一项一册编纂成书，系列出版，持续不断地推出。

这套丛书定位为普及性读物，着重反映非物质文化遗产项目的历史渊源、表现形式、代表人物、典型作品、文化价值、艺术特征和民俗风情等，发掘非遗项目的文化内涵，彰显非遗的魅力与特色。这套丛书，力求以图文并茂、通俗易懂、深入浅出的方式，把"非遗故事"讲述得再精彩些、生动些、浅显些，让读者朋友阅读更愉悦些、理解更通透些、记忆更深刻些。这套丛书，反映了浙江现有国家级非遗项目的全貌，也为浙江文化宝库增添了独特的财富。

在中华五千年的文明史上，传统文化就像一位永不疲倦的精神纤夫，牵引着历史航船破浪前行。非物质文化遗产中的某些文化因子，在今天或许已经成了明日黄花，但必定有许多文化因子具有着超越时空的生命力，直到今天仍然是我们推进历史发展的精神动力。

省委夏宝龙书记为本丛书撰写"总序"，序文的字里行间浸透着对祖国历史的珍惜，强烈的历史感和拳拳之心。他指出："我们有责任进一步保护好、传承好、弘扬好非物质文化遗产。这不仅是一种文化自觉，是对人民文化创造者的尊重，更是我们必须担当和完成好的历史使命。"言之切切的强调语气跃然纸上，见出作者对这一论断的格外执着。

非遗是活态传承的文化，我们不仅要从浙江优秀的传统文化中汲取营养，更在于对传统文化富于创意的弘扬。

非遗是生活的文化，我们不仅要保护好非物质文化表现形式，更重要的是推进非物质文化遗产融入愈加斑斓的今天，融入高歌猛进的时代。

这套丛书的叙述和阐释只是读者达到彼岸的桥梁，而它们本身并不是彼岸。我们希望更多的读者通过读书，亲近非遗，了解非遗，体验非遗，感受非遗，共享非遗。

2015年12月20日

# 目录

# 序言 // PREFACE

所谓"衣食住行",古人把"衣"放在第一位,可见"衣"与人类生活的相关程度。服装在人类生活中起到护体、御寒、美化、标示族群和等级等诸多作用。服饰文化是民族文化中最重要的内容之一,人们在交往中第一眼看到的就是着装,并依此形成对他人的初步印象。在几千年的文明发展史中,中华民族的服饰文化博大精深、丰富多彩、源远流长,在大多数年代里引领世界潮流。

由于现代西方服饰文化的冲击,中国传统服饰逐步被边缘化,以至淡出人们的视野。尽管如此,杭州利民中式服装厂依然坚守在这一领域,可能是全中国百余年来唯一没有中断中式服装生产的专业生产企业。师辈们一代一代地把中式服装制作技艺传承保护下来,不断发展,充实完善;改革开放以来,更是把中国传统工艺的精髓和现代服饰文明的精华有机融合在一起,走中式服装时装化的道路，不断将中华民族的服饰文化发扬光大，以满足现代人的需求。

　　随着社会经济的发展和生活水平的提高，人们对服饰的要求会越来越高；随着中国经济的高速发展，世界也会对中国的传统文化越来越重视，民族的才是世界的。

　　在此，借"浙江省非物质文化遗产代表作丛书"出版之机，记录下传承和保护振兴祥中式服装制作技艺的代代传人的辛勤付出，以慰先辈。

杭州市文化广电新闻出版局副局长　张朋

2016年10月

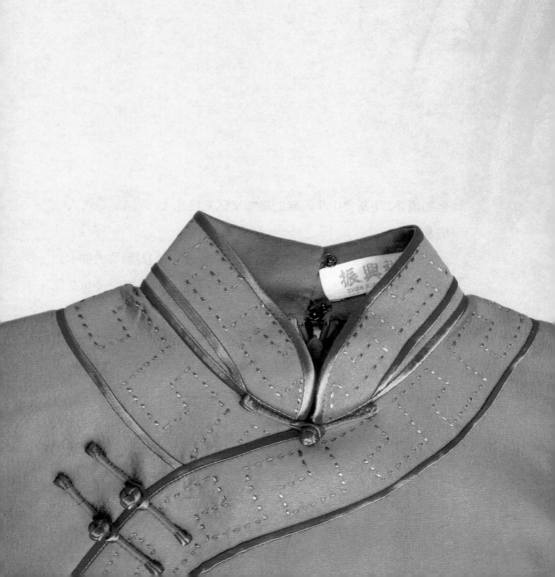

# 一、概述

中式服装是指具有中国传统服饰风格特色，具有较为典型的中华民族服装服饰特征的近现代服装。中国服装文化的发展与五千年文化的发展史是同步的，与人们的生活息息相关，可谓源远流长、博大精深、底蕴丰厚、内涵深邃。

# 一、概述

中式服装是指具有中国传统服饰风格特色，具有较为典型的中华民族服装服饰特征的近现代服装，既体现了五十六个民族的悠久历史，又蕴含着极具东方特色的含蓄美。随着国际化程度的提高，中国的优秀服装文化正在逐步走向世界，体现出鲜明的中国特色和时代特征，"洋为中用""古为今用"的款式不断涌现。

中式服装基本分为中式礼服、中式常服、中式时装三大类，中式礼服有旗袍、中山装、唐装、汉服等，中式常服有中式便装、功夫服装、汗褡等，中式时装有现代旗袍、改良唐装、简化汉服和带有中式服装设计元素的创意时装等。

"振兴祥"是完整保留至今、从未间断过中式服装生产的极少数知名老字号之一，其中式服装制作技艺是中国几千年服装文化的结晶，充分展现了中华民族高超的服装工艺水平。2011年5月，振兴祥中式服装制作技艺被列入国家级非物质文化遗产保护名录。

## [壹]中国服装文化简说

回顾五千年服装文化史，中国服装在继承传统的前提下，勇于创新，不断发展，突显鲜明的时代特征。

河南安阳四盘磨村出土的商代奴隶主贵族石雕像，头戴帽箍，上身穿大翻领窄袖上衣，下身穿裤；上衣前面饰牛角形兽面纹，肩及背饰目纹，其他部位饰变体雷纹。

西周时，等级制度逐步确立，周王朝设司服与内司服之职，掌管王室服饰。公卿贵族为显示尊贵威严，在不同礼仪场合，穿衣着裳也须采用不同形式、颜色和图案。

春秋战国时期的衣着，上层社会偏宽博，下层社会偏窄小。深衣，有将身体深藏之意，是士大夫阶层的居家便服，又是庶人百姓的礼服，男女通用，可能形成于春秋战国之交。深衣把以前各自独立的上衣、下裳合二为一，却又保持一分为二的界线，上下不通缝、不通幅。最智巧的设计，是在两腋下腰缝与袖缝交界处各嵌入一片矩形面料，使平面剪裁立体化，完美契合人的体形，两袖也获得更大的活动空间。

秦汉时期，遵循帝王臣僚参加重大典礼时须戴冕冠的规制：

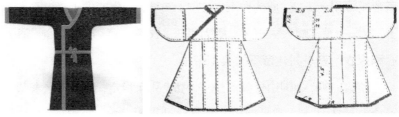

春秋战国时期的服装　　　深衣

秦始皇像

刘备像

綖板长一尺二寸，宽七寸，前圆后方，冠表涂黑色，里用红、绿二色。
凡戴冕冠者，须穿冕服。冕服玄衣纁裳，中单素纱，红罗襞积，革带
佩玉，大带素表朱里，两边围绿，上朱锦，下绿锦，大绶有黄、白、
赤、玄、缥、绿六彩，小绶有白、玄、绿三色，三玉环，黑组绶，白玉
双佩，佩剑，朱袜，赤九，赤舄，组成一套完整的服饰。据汉制规定：
皇帝冕冠用十二旒，质为白玉，衣裳十二章；三公诸侯七旒，质为青
玉，衣裳九章；卿大夫五旒，质为黑玉，衣裳七章。明代之前，通天
冠和深衣一直是封建帝王的典型帝服。

　　隋唐时期，中国由分裂而统一，由战乱而稳定，经济文化繁荣，
无论衣料还是衣式都呈现出一派空前灿烂的景象。彩锦，是五色俱

备、织成种种花纹的丝绸，常用作半臂和衣领边缘服饰。特种宫锦，花纹有对雉、斗羊、翔凤、游鳞等，章彩华丽。刺绣，有五色彩绣和金银线绣等。印染花纹，有多色套染和单色染。隋唐时期男子冠服的主要特点是上层人物穿长袍，官员戴幞头，百姓着短衫。天子、百官的官服用颜色区分等级，用花纹表示官阶。

宋代服饰大致有官服、便服、遗老服等三类。官服面料以罗为主，政府循五代

唐代妇女服饰

宋苏东坡像

旧制，每年要赠送亲贵大臣不同花色的锦缎袍料。官服服色沿袭唐制，三品以上服紫，五品以上服朱，七品以上服绿，九品以上服青。官服服式大致近于晚唐的大袖长袍，但首服（冠帽等）已是平翅乌纱帽，名直脚幞头，君臣通服，成为定制。

　　南北朝以后百官公服以紫色为贵，明朝因皇帝姓朱，遂以朱为正色，又因《论语》有"恶紫之夺朱也"，紫色自官服中废除，用"补子"表示品级。补子是一块约40—50厘米见方的绸料，织绣不同纹样，再缝缀到官服上，胸背各一。文官补子用鸟，武官补子用走兽，各分九等。平常穿的圆领袍衫，则凭衣服长短和袖子大小区分身份，长大者为尊。明代官员的主要首服沿袭宋元幞头而稍有不同：皇帝

明代官服

戴乌纱折上巾，帽翅自后部向上竖起；官员朝服戴展翅漆纱幞头，常服戴乌纱帽。受到诰封的官员妻、母，也有以纹、饰区别等级的红色大袖礼服和各式霞帔。

清代旗袍

清代以满族服装为大流。满族妇女一般穿旗袍，外罩马甲，穿高跟在脚心的花盆底鞋。汉族妇女着装仍沿袭明制。清后期，满汉妇女装束相互影响，各自都有明显变化。马褂是清朝特有的服装，多为圆领，有对襟、大襟、琵琶襟等式样，有长袖、短袖、大袖、窄袖之分，但均为平袖口。

清末西洋服装传入和辛亥革命后，清朝的服饰制度大部分被革除，传统服饰发生整体上的变化，中西合璧的服饰或纯西式的服饰逐渐进入中国人的生活，中山装和旗袍成为这一时期的经典

民国女子服饰

服装。二十世纪二十年代女子流行上衣下裙,上衣有衫、袄、背心,款式有对襟、琵琶襟、一字襟、大襟、直襟、斜襟等,领、袖、襟、摆等处多镶绲花边或刺绣纹饰,衣摆有方有圆,宽瘦长短的变化也较多。上衣下裙的女装后来一直流行,但裙式不断简化。

## [贰]杭州中式服装的发展

明崇祯年间,江浙一带的服饰虽然整体上仍保持着传统风格,但已发生较大的改变。清代,妇女服装仍为上衣下裙制,上衣一般为三领窄袖,长三尺有余,仅露裙二三寸;下服为梅条裙、膝裤,开始崇尚夹丝,后又尚本色、插绣、大红绿绣等。平时着披风外出,不管老少皆用包头。

清末男子服饰

十九世纪中期,上海开设商埠之后,受上海影响的杭州服装也开始发生变化。清朝末年,大多数男子的服装依然延续着传统的式样,不过也有少数人穿起了皮鞋、戴起了礼帽。妇女服装仍保持着上衣下裙之制。随着中外贸易的日渐昌盛,各种各样的外国布料出现在杭州城,同时西方的缝纫方式也

广告牌中的女子服装

开始流行起来，而中国传统手工艺则由于费工费时而渐渐式微。

二十世纪初至三十年代，是西方服装文化对杭州服装文化产生较大影响的时期。女服一扫清朝矫饰之风，趋于简洁淡雅，体现人体自然美。旗袍被改良，宽松直筒改为紧腰，长度改短，两侧开衩的长短不一，成为新式旗袍的雏形。三十年代后期，改良旗袍又吸取西式服装的一些优点，式样更臻完美：领可有可无，可高可低；袖有宽有窄，有的长及手腕，有的又短到裸露上臂；而紧身贴腰的优点则一直保留，再加下摆回收，长及踝骨，十分合体，风靡全国。由此，旗袍奠定了其在女装演变史中不可替代的地位，成为中国女装的典型代表。

新中国成立至改革开放是杭州服装由保守走向开放的转型期。新中国成立之初，人们的服装新旧并存，中西皆有。这时杭州的服装总体变化不大，一般没有个性的展示，有的只是一种社会文化的反映。随着思想改造的深入，衣着华贵者渐不

列宁装

受人欢迎，衣着朴素才是光荣，
列宁装、人民装、中山装成为当
时最时髦的三种服装。到了二十
世纪六十年代，人们穿着更加简
便，服饰更加素朴。男装以中山
装和学生装为主，女装也都以上
衣下裤为主，衣式大多是对襟、
窄袖，年轻女性夏季穿裙为多。

二十世纪八十年代的男式西装

无论男女服装，色彩都以蓝灰色为主。

　　"文化大革命"时期，红卫兵装成为杭州最主流的服装。这个
时期的女装十分单调，均为直线造型。农村女上装大致只有春秋衫
和中式外衣。春秋衫式样为前翻一字领或八字领，四粒扣，领子可
开可闭，两只大贴袋，直筒不显腰身，只在肩部或腋部有省道。中式
外衣为中式立领，对门襟，暗门襟，当时流行衣袖不连身，采用西式
纳袖子的方法。面料以素色的卡其布、平纹布、斜纹布居多。在批判
"旧思想、旧风俗、旧文化、旧习惯"的社会风潮下，旗袍被看作"旧
文化、旧习惯"的代表，完全退出了女性服装的舞台。

　　改革开放以后，人们对生活有了更高的企盼和要求，穿着打扮
日益讲究，服装开始朝着个性化的方向发展，杭州人对服装文化的
大胆追求和独到见解获得了更大的空间，由此开创了杭州服装文化

的新天地。

二十世纪八十年代起，西装慢慢普及，带动了其他西式服装的流行，比如夹克衫、风衣等，对中山装、军便装的需求开始萎缩，军绿色、灰色不再"一统天下"。城镇女性穿的西装套裙亦受到农村女性的青睐。1983年，新华社发表了《服装式样宜解放》的评论文章，称"服装应该解放些，提倡男同志穿西服、穿两用衫，女同志穿旗袍、穿中式对襟上衣、穿西装裙子，服装款式要大方，富有民族特色，符合中国人的习惯"。这一年，旗袍又在中国大地悄然兴起，特别是织锦缎云花袄和织锦缎骆驼绒夹袄，成为城市妇女最时髦的礼服。

此时，杭州的服装主要是由数十家半机械化的服装加工厂提供的，其中最为突出的是坐落于上城区解放路的杭州利民中式服装厂。该厂既顺应形势，生产市面上流行的中式服装，又将中式服装传统制作工艺传承下来，加工制作了一大批以织锦缎为主要面料的女性旗袍和以上衣为代表的传统服装。

二十世纪九十年代初，杭州女装呈现出以一步裙、超短裙、松糕鞋为代表的流行趋势，层出不穷的带有休闲和青春意味的时装样式出现在大街小巷、商场摊档。十年以前，"内衣外穿"是西方设计师在时装展演台上的创意，而今，露脐装、吊带衫、短裆裤等也成为杭州大街上的一道风景线。

利民中式服装厂解放路门市部

"大丽菊"牌旗袍获奖证书

利民服装厂生产的唐装

旗袍、夹袄的流行是中式服装复兴的浪头。从传统走向现代，中式服装虽然再一次浮出水面，但沿袭传统较多，创新较少，如旗袍、扎蜡染服饰、手绣、手绘等等，都是传统的款式、传统的花色、传统的工艺制作。

二十一世纪，我国服装界有了寻找和恢复本民族服装文化和形式的意识，杭州也不例外，在新旧世纪交替时出现的唐装热和立领、盘扣、斜门襟，掀起了中国传统服装时尚化的盖头。

## [叁]振兴祥中式服装的历史沿革

中国传统服装制作技艺一直是以师傅带徒弟的形式代代传承下来的。新中国成立前，杭州的中式服装业称为成衣业。前店后坊的成衣铺，是杭州中式服装业的最初形式。

杭州振兴祥中式服装制作技艺源于清朝末年的金德富成衣铺等三十余家店铺，有一百多年历史。杭州利民中式服装厂完整继承了这一技艺，是从未间断过中式服装生产的知名老字号企业，也是目前唯一挂"中式服装"招牌的专业生产企业，是浙江省丝绸公司首家生产外销"飞松""长寿"等名牌中式服装的厂家。

1900年出生的诸暨人翁泰校，十六岁进杭州湖墅宝庆桥新码头金德富成衣铺，拜金德富为师。金德富是清末有名的裁缝匠，常为达官贵人制作服装。翁泰校学成以后，先后在许光荣、毛钜勋、徐森茂、王法纪成衣铺做工，取各家之长，逐渐形成一整套独特的中式

旧时成衣铺

服装手工制作技艺。1932年，他在杭州市吴山路27号开设振兴祥成衣铺，采用典型的前店后坊经营模式，裁剪、缝制旗袍、长衫、马褂等各类中式服装。振兴祥成衣铺开业后，由于技艺精湛、价格公道，生意十分红火，名声响亮，远近皆知，店铺规模不断扩大。

1956年1月，振兴祥成衣铺接受工商业社会主义改造，与另外十余家成衣铺公私合营，组建成立了杭州利民中式服装供销生产合作社，隶属于上城区手工业联社。1958年更名为杭州利民中式服装生产合作社，由原先十几个作坊集中到场地相对宽敞的几个作坊，统一生产和销售。各家成衣铺各有所长，通过交流，振兴祥中式服装制作技艺有了系统性的提高。

"振兴祥"商标

　　"文化大革命"期间，旗袍、长衫等中式服装被列入"四旧"的范围，市场上难觅踪影。为了维持企业生存，合作社改做中式丝绸棉袄、包棉袄布衫、中式套衫等服装，业务受到很大影响。师傅们抱着对中式服装和中式服装制作技艺的情怀，在困难中坚持了下来，一直没有中断中式服装的生产。1971年1月，利民合作社扩建，与勤朴生产合作社、新民生产合作社合并组建杭州利民中式服装厂，成为集体所有制企业，隶属于上城区服装公司。合建后的利民中式服装厂，技术骨干除厂长王兰英外，还有"盘扣大王"蒋桂福等，集聚了杭州市制作中式服装的技术精英，取长补短，形成了一整套高超、全面的中式服装制作技艺体系。1972年5月，该厂更名为杭州利民中式服装店，并转制为全民所有制企业；1978年8月，划归杭州市服装公司领导。改革开放后，中式服装生产得到极大恢复，一些受过专门技能培训的年轻人被充实到企业的各个岗位上，企业的产量

二十世纪六十年代生产的女式服装

和效益都得到显著提高。

1982年1月，杭州利民中式服装厂的厂名得到恢复。1984年，厂长王兰英退休，童金感接任，他懂管理，会经营，在他的领导下，利民取得了长足发展。1985年，利民的"大丽菊"牌中式女棉袄在北京一炮打响，引来众多顾客抢购，在王府井百货大楼展销时，柜台都被挤塌。因工艺考究，质量上乘，利民生产的中式服装屡获殊荣。1985年，产品获得"浙江省商业系统最佳产品"和"浙江省优质产品"两项荣誉称号。1987年3月，杭州利民中式服装厂划归杭州市丝绸工业公司管辖。同年，"大丽菊"牌中式女棉袄获得商业部"部优"产品称号，这是中式服装获得的最高荣誉，至今未被超越。当时，全国二十余个省市的百货公司均有利民的产品，供不应求。全国各地的供销社派专人驻在杭州，抢购利民生产的织锦缎云花袄、骆驼绒夹袄和中式丝绸棉袄。厂里每天都用几辆大卡车往全国各地发货。当时，杭州市吴山路门市部专门为市民量身定制中式服装，因人手有限，每天只能接制二十件，但这是当时最时髦的女性服装，要求定制的客人非常多，门市部不得不采取限号的措施。

二十世纪九十年代，受西方服饰文化的冲击，中式服装的市场份额大幅缩减，杭州利民中式服装厂就把目光转向外销，通过浙江省丝绸进出口公司，把旗袍和唐装等销售到日本、美国、法国、英国、加拿大、意大利等国家，满足世界各地华人的需求。"飞松""长

吴山路门市部

寿"牌中式服装享誉世界,是中式服装界的第一品牌,还有华侨通过各种渠道找到利民厂,定制传统的中式丝绸棉袄。

　　1992年,杭州利民中式服装厂受中央电视台的委托,为在香港举办的"中国历代旗袍表演展"制作了八十六套展示用的旗袍及配套的头饰、手饰、道具,既原汁原味地反映了从清朝到现代旗袍演变的历史,又展现出旗袍在婚庆、社交、日常生活中的不同风格和款式。表演团携精美霓裳赴港演出,引起轰动,众多媒体竞相报道,"利民"从此成为经典中式服装的代名词,产品远销世界各国。当年,"大丽菊"牌织锦缎旗袍还被国家旅游局、轻工业局、商业

青年路门市部

部、纺织工业部等四部委和中国旅游购物节组委会授予"天马优秀奖"。

　　1995年4月,包文其接任厂长。他在全厂开展中式服装制作技能培训,丰富了振兴祥中式服装制作技艺的内容,培养了以蒋明为代表的一批有文化、有技术的中青年骨干。同时,包文其带领职工积极探索中式服装时装化的新路。传统的旗袍款式主要为大襟和对襟,而利民推出的新款式既保留了花扣、镶嵌和中式领,又有西式服装的洒脱简洁,受到市场的普遍欢迎。

1992年赴港展示的旗袍

桑波缎女丝绸棉袄

蓝印花布女丝绸棉袄

织锦缎女丝绸棉袄

真丝九霞缎女丝绸棉袄

博鳌中华衫

1998年，杭州利民中式服装厂改制为股份合作制企业。2000年，它生产的中式改良旗袍获得中国国际丝绸博览会金奖。2001年10月，APEC会议在上海召开，各国领导人都穿上了唐装，更是把中式服装的流行度推向了一个高峰。利民门店里的织锦缎男唐装在春节前便已销售一空。

2002年，博鳌亚洲论坛首届年会在海南召开。杭州利民中式服装厂采用独特工艺，为出席会议的二十多个国家和地区的领导人制作了博鳌中华衫，与会政要们对中式服装的用料和工艺留下了好印象。同年，杭州利民中式服装厂取得了自营出口权。

2005年，著名美籍华人陈香梅女士特地赶到利民定做了四套中西式套装，并与包文其厂长合影留念。

2008年，奥运会在北京举办，奥组委要求颁奖礼仪服的设计制作必须体现浓郁的中国民族特色。利民中式服装厂承接了"青花

陈香梅女士与包文其厂长合影

瓷"和"粉色"两个系列、六个款式、近两百套颁奖礼仪服的制作任务，是唯一负责两个系列服装生产的厂家，其中"青花瓷"又是要求最高、难度最大的。是年7月17日，"青花瓷"系列在颁奖礼仪服饰发布会上亮相，极富中国情调的蓝白相映旗袍式长裙博得一致好评，被誉为"会行走的中国瓷器"。

中国素有"衣冠之国"的美誉，如今人们的服装用千姿百态、绚丽多彩来形容一点也不夸张，但是最能体现中华民族传统文化的中式服装却日渐式微，几成绝响；所幸利民中式服装厂能执着如一，

## 杭州利民中式服装厂历史沿革示意图

金德富成衣铺
（1897年，前店后坊个体经营）

| 振兴祥成衣铺<br>（1932年，前店后坊个体经营） | 多家成衣铺<br>（前店后坊个体经营） |

杭州利民中式服装供销生产合作社
（1956年由十余家成衣铺合并组成，
隶属于上城区手工业联社）

多家成衣铺
（前店后坊个体经营）

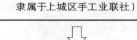

万里生产合作社

杭州利民中式服装生产合作社
（1958年更名，隶属于上城区手工业联社）

多家成衣铺
（前店后坊个体经营）

勤朴生产合作社

杭州利民中式服装厂
（1971年，由三家合作社组成，集体所有制，划归
上城区服装公司领导）

新民生产合作社

杭州利民中式服装店
（1972年更名，全民所有制；
1978年划归杭州市服装公司领导）

杭州利民中式服装厂
（1982年恢复原名，全民所有制；1987年划归杭州
市丝绸工业公司管辖；1998年改制为股份合作制；
2002年划归上城区发展改革信息局领导）

在备尝艰辛、屡受挫折的情况下仍然尽心竭力，为中式服装制作技艺的保护、传承和弘扬做着默默无闻却卓有成效的工作，数十年不改初衷，为中式服装的发扬光大打下坚实的基础。

二、振兴祥中式服装代表作品

振兴祥中式服装的种类及款式，继清代的长袍、马褂、旗袍、短衫之后，多数是男式长衫、女式旗袍、男式对襟短衫、女式大襟短衫和马甲，裤子多系大脚口折腰裤等，以丝绸和织锦缎为主要面料。

# 二、振兴祥中式服装代表作品

## [壹]种类及款式

振兴祥中式服装的种类及款式，继清代的长袍、马褂、旗袍、短衫之后，多数是男式长衫、女式旗袍、男式对襟短衫、女式大襟短衫和马甲，裤子多系大脚口折腰裤等，以丝绸和织锦缎为主要面料。具体如下。

### 一、女式服装

#### 1. 旗袍

振兴祥中式服装制作技艺的当家产品就是旗袍。

旗袍是中国服装的杰出代表，源于满族女性传统服装，民国时期与西洋设计糅合，于1929年被政府确定为国家礼服之一。新中国成立之后，旗袍渐渐被冷落，"文化大革命"中更被视为"封资修"的象征，几乎从人们的视野中消失。

二十世纪八十年代以后，振兴祥对传统旗袍进行不断创新，当时所见旗袍的各种表现技法大多出自振兴祥，如挺领前翻，短袖、半袖、八分袖、喇叭袖、直口袖、紧口袖、荷叶袖等袖式，直襟、偏襟、琵琶襟，前开衩、偏开衩以及上袄下斜裙、短袄长筒裤等，加上传统

重绉加长旗袍

烂花绒旗袍

真丝电脑喷绘旗袍

真丝手绣旗袍

中式服装衣领的镶嵌工艺非常考究

的盘香扣、盘花扣、琵琶扣和镶、嵌、绳、宕、绣等手艺，古老的元素融入现代女性的时装中，让现代女性呈现出古典与现代、传统与时尚、内涵与外饰完美结合的美感。

## 2. 中式大襟短衫

这是振兴祥在二十世纪上半叶生产的主要服装，单衣、棉袄或长袄均采用中式大襟。大襟的制作、裁剪和旗袍一样，分为大裁和小裁。青少年女性服装的色彩较为亮丽，有粉、红、紫色等，花型包括条子、格子和各式花布；中年妇女多穿一色土布或洋纱布，以白、蓝、浅蓝居多；老年妇女则以蓝、灰为主。经济条件好的到布店里剪些洋纱织造的哔叽、斜纹，条件差的只能穿自己纺织的土布。扣子大部分是葡萄扣，每件五扣或七扣。二十世纪八十年代后，这种中式大襟短衫基本绝迹。

还有一种大襟紧身短袄，衣摆呈圆弧形或平直形，摆长在臀部以上，衣袖长至肘，袖口喇叭形，大的一般为七寸，也称倒大袖。短袄与套式大裙摆、长至脚踝或小腿的黑裙配套穿着，在当时被称为"文明新装"，由女学生率先穿着，然后逐渐在社会各阶层的女性

中式大襟短衫

文明新装

中流行。

### 3. 中式对襟短衫

二十世纪五十年代，振兴祥还加工生产中式对襟短衫。这种服装一般为中年妇女穿着，其裁剪和缝纫均与大襟相同，只是前面不装大襟，而是对中剖开内装小襟，缝葡萄扣五或七扣，领头为直领、挺领，袖子有长袖和短袖，下摆开衩四五寸。对襟短衫在制作工艺上有所创新，采用多种材料拉线、绲边或镶嵌。此中式对襟式样可制作单衣、棉袄、夹袄等。

### 4. 内衣

振兴祥加工生产的中式内衣有肚兜、小马甲等。

### （1）肚兜

织锦缎肚兜

一般做成菱形，上端裁平，有带，穿时套在颈间；腰部另有两条带子束在背后；下面呈倒三角形，遮过肚脐，长至小腹。肚兜上一般有精美的刺绣。系束用的带子并不局限于绳子，富贵之家多用金链，中等人家用银链、铜链，小家碧玉则用红色丝绢。妇女所穿肚兜，多用粉红、大红、紫红等鲜艳的布帛制作。秋冬季所用肚兜中间往往有棉絮，以利保暖。有的老年人还在肚兜中间塞入一些药物，以治腹疾。

### （2）小马甲

小马甲

民国初期，流行一种非常短小的小马甲内衣，在前片缝上一排纽扣，将胸乳紧紧扣住。二十世纪三十年代，传统观念有所转变，为了展示女性的婀娜多姿，小马甲进一步与西方女性内衣相结合，形成了今天妇女保护胸乳的胸罩。

中式女裤

## 5. 中式女裤

振兴祥还加工生产中式女裤。民国时期，妇女流行大腰裤，特点是脚管较大，腰围肥大，裤裆较深，裤腰另取布料装配而成，束腰带。这种裤子又叫包裤、笼裤，颜色以蓝色和灰色居多，也有条格纹和印花纱布式，农民大多穿土布，外穿套裙。二十世纪六七十年代，此裤基本淘汰，女式西装裤流行。

## 6. 裙子

民国初期，由于留学日本的学生较多，中国女性的衣着受日本影响很大，多穿窄而瘦长的高领衫袄与长裙，不施纹样，不戴簪钗、手镯、耳环、戒指等饰物，以区别于清代服饰，被称为"文明新装"。二十世纪二十年代末，受西方文化与生活方式的影响，又开始偏好华丽服饰，所谓的"奇装异服"亦出现于这个时期。从保存至今的实物与照片来看，样式一般为上衣狭小，领口很低，袖长不过肘，袖口似喇叭形，衣服下摆成弧形，有时也在边缘部位绣上花边；裙子缩短至膝下，取消褶裥而任其自然下垂，也有在边缘绣花加以装饰的。

旧时，振兴祥加工生产的裙子式样很多，简述如下。

**（1）百褶裙**

在传统裙样的基础上改制而成，为前后有20厘米宽的平幅裙门，通常称为"马面"，裙门的下半部为主要装饰区，上绣各种华丽的纹饰，加边缘饰；两侧各打细褶，每个细褶上都绣有精细的花纹，上加围腰和系带，底摆加镶边。

**（2）鱼鳞裙**

形式与百褶裙相同，因百褶裙的细褶日久容易散乱，后来以细线将百褶交叉串联，若将其轻轻拉开，则褶幅展开如鱼鳞状，故称鱼鳞裙。

**（3）襕干裙**

形式与百褶裙相同，两侧打大褶，每褶间镶襕干边，裙门及裙下摆镶大边，颜色与襕干边相同。

**（4）马面裙**

前面有平幅裙门，后腰

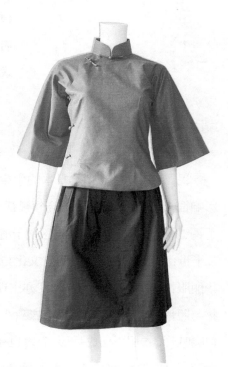

*裙子*

有平幅裙背, 两侧有褶。裙门、裙背加纹饰, 上有裙腰和系带。

### （5）红喜裙

此裙为新娘礼服, 式样有单片长裙及襕干式长裙, 以大红色为主, 配绣各种花纹。此裙与大红色或青色绣花女褂配套, 一度非常流行。

### （6）套裙

形式与百褶裙相同, 百褶装在围腰上, 腰的两侧开勾五寸长, 腰上缝系带。整条裙子不绣花, 以单色或印花布料做成, 农村妇女多穿此裙。

### （7）布襕

也叫"围身", 是裙子中最简易的, 前面有五寸褶裥, 上装裙腰, 腰的两端有系带, 两侧均有褶裥一个。此裙穿着方便, 材料优劣均可, 以蓝色、浅蓝居多, 农村妇女劳动时也可穿着, 以保护上衣下裤。

### （8）连衫裙

上衣下裙连在一起, 上衣有有袖、无袖之分, 裙子也有长短之别, 腰间褶裥, 下摆较大。

### （9）超短裙

形似短裤, 但无裤裆, 下摆在膝盖以上, 裙上有腰, 一侧开衩, 用纽扣扣紧。布料和颜色根据年龄和各人喜好而定, 大多为黑色。

### 二、男式服装

**1. 礼服**

民国时，在日常生活中穿着马褂的人逐渐减少，在长袍外罩马褂是非常隆重的穿法，而蓝色长袍搭配黑色马褂就是礼服了。1912年，国民政府开始推广新式服装，规定了新式礼服的标准。常用礼服有两种，一种为中山装，另一种为传统的长袍马褂，均采用黑色，后者面料用丝、毛织品，里料有纱绉、裘皮等，形制为立领宽身，细长直袖，右衽斜襟，下摆略圆，在领口、斜襟和侧缝处有六至九个不等的直扣。民国18年（1929）国民政府公布《服制条例》，正式将蓝长袍、黑马褂列为"国民礼服"。

振兴祥旧时加工的男性礼服有长衫、马褂、马甲、背心和坎肩等多款。

**（1）长衫**

振兴祥加工的男子长衫是一种男式外衣，按身体肩膀至脚背的两倍长取料。裁剪时，把布料按门幅对折，根据成衣的四分之一加缝份自下而上裁至袖底转弯至袖口，如果门幅较狭，不足袖长时，需接足袖长，称为照袖。然后缝上背缝，前面装上大襟，上面挖去领眼，装上中式立领，缝好袖子，装上一字扣七个。男子长衫所用布料很多，有钱人家用高档布料，农村里用洋纱布已很好，大部分用自纺棉土粗布，染上黑色或藏青色均可，以深色为主。

### （2）马褂

对襟，平袖端，身长至腰，前襟直扣襻五枚。马褂原为清代的
"行装"之褂，后逐渐成为日常穿用的便服。清初马褂是没有立领
的，到清末才加了立领，至民国时期又升格为礼服，统用黑色面料，
织暗花纹，不作彩色织绣图案。

### （3）马甲、背心和坎肩

马甲，即不带袖子的上衣，清代满族坎肩也属于这种形制，《清
稗类钞·服饰》记载："半臂……即今日之坎肩也，又名背心。"背心
则是吴语俗称，又叫半臂、汗背心、汗溜儿、汗褟，有对襟和侧边开
口两类。马甲常见式样有对襟、琵琶襟、大襟、一字襟和人字襟等。

长衫　　　　　　　　长衫马褂　　　　　　桑波缎背心

初时，一字襟坎肩穿在袍子里面，到清代中晚期，一般穿在袍子外面；对襟用布扣，侧边开口的也有以小布带代替扣子的。

**2. 各类便装**

振兴祥除加工各类礼服外，也加工生产各类男式便服。民国时期流行中式对襟圆领短衫，少数人穿斜襟长衫，冬季穿棉袄，外有罩衫，内穿单衬衣；下身穿大腰裤，亦称折腰裤，冬天内穿大腰棉裤，夏天穿大腰短裤等。

**（1）对襟中式便服**

裁剪与长衫基本相同，有背缝，门幅狭窄的也要接袖子，前面不装大襟，两侧下面开衩三至四寸。旧时一般都做一字葡萄扣，后来也有用洋纽扣的，装五或七个。用料广泛，有粗土布、洋布，斜纹、哔叽等，以灰、黑、蓝色为主。

**（2）长短棉袄**

长的称棉长袍，短的称棉袄，长的是两条长衫的合并，短的是两条短衫的合并，内塞棉絮，有钱人家用丝绵，称丝绵棉袄。用料分面子和夹里，面子较好，夹里差些。颜色以黑、蓝为主。

**（3）夹袄**

夹袄是带夹里的中式上衣，是春秋两季穿的，对襟，领子可有可无，款式可变化。穿在外面的用料考究，好的用丝绸、缎子，里料差一些。

中式对襟棉布上衣

男子丝绸棉袄

### （4）夏上衣

有小白布衫，中式对襟，胸前下侧有贴袋，用料有士林布、洋纱布、土白布等；还有以麻、葛织成的夏布做的夏上衣、拷皮衫等。

### （5）绒布内衣

一般作冬季内衣，比棉布稍厚，反面有绒，做成中式对襟，一般为净白色，也有条纹或格子的，一般无贴袋。

挎皮衫

### （6）大腰裤

大腰裤是过去江南最流行的裤子，又称包裤，裤脚宽七寸以上，裤腰肥大，约为裤脚的四倍，裤裆也较深，便于冬天里面穿棉裤以及做起蹲动作。裁剪时，两侧无缝，只有前后、脚管内侧有缝。腰、裤用两种布料做成，裤腰宽五寸，腰下也可装袋，可放钱物，又可暖手。不论干活、上街、做客，一年四季均可穿，冬天包在棉裤外面。

### （7）作裙

作裙取名于"可时常在田里劳作"之意，一般老年男子穿着较多。制作简单，只用前后两幅布，前面重叠六至七寸，缝牢，后面不缝装带。穿着时，根据腰围的大小重叠，带子从后面缠到前面打结。

作裙

作裙穿在上衣外面，长度自腰间起至脚背之上。冬天可起御寒保暖的作用，夏天在短裤外系上作裙，既雅观大方，又轻便凉快，还可以保护皮肤免遭烈日暴晒、稻叶划伤。腰带上缀有流苏，腰兜上也要绣五色图案。

### 3. 革新服装

振兴祥除加工传统款式男子服装外，还加工生产革新服装，如中山装、青年装、军便装等。

### （1）中山装

中山装由孙中山先生倡议改制，是上衣下裤的套装，吸取了多种服装的优点，是中国服装改良和发展的产物。中山装有单衣和夹衣之分，夹里采用羽纱较多。

中山装分为前后两部分，后背为一整片，无背缝，前面分左右两片，形成对襟，一片门襟开洞，一片门襟缝五个纽扣。左右上下各有贴袋，下袋为立体的老虎袋，均装有"倒山形笔架式"袋盖，两肩有拼缝，肩下两侧装左右袖子，直翻领头，下摆翻起贴边，不开衩。袋盖装纽扣各一粒，袖口有三颗纽扣。面料有棉布、呢料、哔叽、卡其等，颜色以黑、蓝、藏青居多，少数人着白色、咖啡色，军人穿草绿。

中山装

### （2）青年装

青年装的裁剪、缝纫均与中山装相同，布料也与中山装相似，不同的是，前面左右两片下面装有大挖袋两只，左上胸有一只小挖袋。挖袋比贴袋节约面

青年装

料，袋布可用其他布料。其中两大袋有盖，小袋无盖。袋盖和袖口均不装纽扣，领头为单领（也叫笃领）。颜色根据个人喜好选择，面料根据经济条件选择。

### （3）军便装

军便装与中山装基本相同，但胸前上部两小袋和下部两大袋均有挖袋（开袋），小袋袋盖为中山装袋盖，大袋袋盖为西装袋盖，即一字形袋盖。门襟有五颗纽扣，离底边线六至七寸，与大袋盖平，领口为直翻领，袖口无纽扣。军便装有单有夹，颜色大多为草绿，也有其他颜色。

### [贰] 代表性服装

改革开放后，振兴祥中式服装制作技艺在杭州利民中式服装厂得到很好的传承发展，该厂生产出一系列代表性服装，大致包括旗袍系列、男女套装系列、男女棉装系列、男女背心系列、男女居家服装系列、经典名品系列等。其中最具代表性的是旗袍。

### 一、旗袍系列

旗袍是振兴祥系列产品中最丰富、最具有代表性的服装，以领、襟、袖、饰边和花扣的不同，形成长短不一、千变万化的系列款式。

振兴祥旗袍的领主要有大圆立领、中圆立领、小圆立领、方立领几类，立领中又分硬立领和软立领，还有凤仙领、元宝

各式旗袍

领、连领和圆领等等。

　　振兴祥旗袍的襟主要有大襟、偏襟、对襟、双大襟、琵琶襟等，以上襟类又可制成不同形式的圆襟、直襟、方襟、三角襟、变化襟等，还可在对襟的领口下制成滴水形、菱形等几何图案，形式多样。

　　振兴祥旗袍的袖主要有长袖、中袖、短袖、无袖、七分袖、九分袖、瓦片袖、喇叭袖、大喇叭袖、马蹄袖、窄袖、削肩、反褶袖等等，以上袖类的造型又可以分为连袖、装袖和插肩袖。

　　振兴祥旗袍的长度主要有加长、中长、迷你以及介于各种长度之间的适用长度，可根据个人喜好及需要定制。

　　振兴祥旗袍的装饰主要有撞色镶拼、镶、嵌、绲、宕、盘、钉、勾、绣等等。以上各种技法可在同一件旗袍上叠加使用，互相衬托，

断桥走秀

千变万化，使整件旗袍产生线条美、色彩美和立体美。

振兴祥旗袍走的是中式服装时装化的道路，把传统的制作技艺和现代化的时尚元素有机地结合在一起。除经典的手绣外，还采用具有传统文化气息的国画、水彩画、隔离胶手绘，充分应用电脑喷绘等先进技术以及水钻、珠片等装饰材料，与流行图案和色彩相结合，显得经典、时尚、高雅。

### 二、女式套装系列

振兴祥的女式套装基本分为上衣下裤、上衣下裙和内外两件或三件套等三大类。

上衣的变化主要在领、襟、袖、长短、装饰和纽扣上，旗袍上的各种变化均可用在三大类套装上。

裤形的款式主要有大脚裤、直筒裤、喇叭裤、萝卜裤、松紧裤、裙裤等，均可做成长裤、九分裤、七分裤、半脚裤、短裤等，在用料上可以和上衣相同，亦可采用不同颜色、不同风格的面料，以达到相互映衬的效果。

真丝手绣中式套装

裙子的款式主要有凤仙裙、旗袍裙、百褶裙、直筒裙、A字裙、喇叭裙、凤尾裙、鱼尾裙等，长度从膝上到脚背均可，在用料上可以和上衣相同，亦可采用不同颜色、不同风格的面料以达到相互映衬的效果。

中式上衣

两件套基本是内装加上外套，也有内衬背心的。内装可以是不同款式的旗袍、中式连衣裙，在内装外搭配各种披肩、云肩、坎肩、马甲或中式上衣等。内外装可以采用同种面料，但大多采用不同风格的面料，亦可采用皮草等，增强装饰效果。

女式套装的上衣下裤中还有一类功夫套装，适合锻炼和运动的需要，款式制作上和男式功夫套装相近。

### 三、男式套装系列

振兴祥男装主要有长衫马褂、唐装、青年装、中山装、休闲装和功夫套装。男装讲究的是端庄、稳重、大气，因此选用的都是高端上档次的各类毛呢、真丝绸缎等面料，配饰上不像女装那样繁多，但简练的镶、嵌、绲、宕、盘、钉、勾、绣均能为男装添彩，彰显中华民族丰富的服饰文化。

长衫和马褂是比较传统的配套男装。长衫大多采用立领，领角弧度可大可小，右大襟、连肩连袖有大裁小裁之分，长度一般长至离地面15厘米左右，两侧下摆开衩，右襟内衬小襟，左右摆缝各配有一只叉手袋，小襟上配一只贴袋，领、襟和右侧摆缝用七档直扣连接。马褂多采用立领，领角弧度亦可大

长衫马褂

可小，连肩连袖也有大裁小裁之分，对襟上配有小襟，并用五档直扣连接。马褂一般比普通男装稍短，精神气派。长衫和马褂可分别单穿，也有在长衫外搭配背心的。

唐装即中式上衣，分立领和圆领两类。立领领角的弧度可大可小，开襟分为对襟和大襟，里面都配有小襟，连肩连袖有大裁小裁之分。一般唐装都要比马褂长十厘米左右，左右前襟下部各配有一只贴袋，左襟上部配一只小贴袋，左襟内配有一只贴袋，也有的不用贴袋而在左右摆缝各配一只插手袋，对襟上用七档直扣连接。传统的唐装比较宽松、舒适，一般都配中式团团裤或带松紧的中式

长裤。现在做得较多的是改良唐装，吸收了西装的部分优点，剖肩缝把连袖改为装袖，并加上内衬，使得穿着更加挺括、精神。因为修身，所以舒适度不如传统唐装。一般在左右襟下部各配一只贴袋，也有的在左襟上部另配一只小贴袋，左襟内配有一只贴袋，对襟用六档直扣连接，虽经改良，仍能明显体现传统服装文化。这类唐装一般配用西裤。

织锦缎唐装

　　振兴祥的青年装保留了唐装的立领，领角弧度可大可小，也有采用方立领的。剖肩缝，装袖，一般在左右襟下部各配有一只贴袋，左襟上部配有一只贴袋，也有采用挖袋的，左襟内配一只贴袋。对襟用五档纽扣和扣眼连接，有明襟也有暗门襟，暗门襟则纽扣用在内贴边里，外面看不到纽扣和扣眼，一般配用西裤。青年装追求时尚，因此制作上收腰紧身，挺括干练，体现出年轻人的朝气和精神。

　　中山装采用关闭式的方立领外加八字形开口的直翻领，剖肩缝装袖并配有垫肩，增加精神气；对襟用五颗纽扣和纽眼相连接。前襟上下左右共有四个口袋，均配有袋盖，上面两个口袋为下带圆角的贴袋，袋盖中间对称下弯成角形，似两个笔架，下面两个口袋为立体型的老虎袋，两只袖口上各饰有三个扣子。裤腰为配有皮带襻的装腰，裤脚带有翻边，左右两侧各配有一个插袋，右侧后腰配有一个带袋盖的后口袋。

　　休闲装是中式服装和现代服装结合而产生的时装，追求宽松、随意、舒适，款式繁多，却仍能体现出中华民族的传统服装文化。较多采用立领，插肩袖，对襟，对襟用多种形式的纽扣，不受传统束缚，有机地融合了中西服装文化。

　　功夫套装基本款型工艺和传统唐装相似，根据练武和运动的需要，分为宽松型和紧身型两大类。宽松型大多采用连肩连袖，紧身型大多采用装袖；在传统唐装的轮廓下，一般在袖口和裤脚上都配

亚麻休闲装

有克夫（又称"袖头"）或松紧；裤腰一般采用松紧并穿有裤带；对襟上直扣繁多，不受规定约束；在衩口、袖口克夫上一般配有直扣，起装饰作用的同时增加该部位的牢固度，服装整体以适合锻炼、运动为宗旨。

### 四、男女棉装系列

振兴祥的男女棉装最经典的是男女飞里丝棉袄，采用真丝万寿缎或九霞缎等柔软的真丝绸缎作为面料，面料和内里分开，故称"飞里"。内里用一层真丝电力纺和一层全棉细纱布，中间填充100%的手工丝绵。男装一般采用对襟、三个贴袋、连肩连袖、对襟

织锦缎云花袄　　　　　　真丝九霞缎女式丝绸棉袄

男式丝绵棉袄

内衬小襟，用六档直扣连接，也有采用六档纽扣和扣眼连接或暗门襟、暗扣的。男装还配有两个衬领，用揿扣连接，可脱下换洗。女装一般剖肩缝用装袖，大多采用对襟，也有用大襟的，配有两个贴袋或在摆缝处配两个叉手袋，开襟处配有小襟，用五档直扣或花扣连接，亦可采用明纽或暗纽和扣眼相连接。男女均可搭配穿着相同工艺材料制作的带松紧加裤腰带的中式丝绵棉裤。这类丝绵棉袄因全部采用柔软的材料制作，穿着特别舒适、透气，保暖效果相当好，长销不衰。

另一款比较经典的是男女织锦缎云花袄，一般用对襟内衬小襟，用直扣或花扣连接。男女款均可在领子、门襟、下摆、袖口、开衩、袋口、裤脚口等边上用丝线绣上宽5厘米左右的祥云图案，美观大气。

男式长衫、女式旗袍、男女中式套装、男女中式背心和居家系列服装均可制成棉装，内里的填充物除丝绵外，也可采用棉花或仿丝绵等等，包括采用骆驼绒做内里的夹袄等。

## 五、男女背心系列

振兴祥的中式背心系列同样品种丰富。旗袍、唐装、棉装等的面料变化、领子变化、开襟变化、袖口变化、长短变化、装饰变化、花扣变化和手绣、切格等各种特殊工艺，均可应用在背心系列上。背心可为内衬或外套，和各类中装配饰相互映衬，在此不再一一细述。

## 六、男女居家服装系列

振兴祥的居家服装主

女式背心

要有男女晨衣、男女浴衣、男女睡衣和女士肚兜等等。居家服讲求舒适、随意、居家气息浓厚，一般采用色彩柔和的真丝绸缎面料，给人以温馨之感。

晨衣一般采用比较厚实的织锦面料，以利早晚保暖。基本款为中长长袖、加长长袖等，袖口翻边，前身左右均为大襟以互叠，大多以一根腰带束身，穿着随意方便，可制成夹装或棉装，可配有两只贴

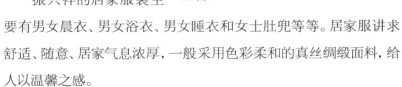

袋或插手袋。

　　浴衣一般采用比较柔软的真丝绸缎或全棉毛巾布,基本款为中长长袖、中长中袖等,采用护领,并在领和襟的边上镶4.5厘米左右的宽边,款式上比晨衣宽松,左右大襟相叠,以腰带束身。

　　睡衣一般为上衣下裤,也有中长或加长上衣而不再配裤的,称为睡裙。均采用柔软的真丝或棉类面料,大多采用对襟,用直扣、花扣或纽扣与扣眼连接,比较宽松随意,电脑喷绘或绣花的相对较多。

织锦缎晨衣　　　　　素绉缎手绣浴衣　　　　　桑波缎男睡衣

　　肚兜和旗袍一样,是中国女性特有的衣物,基本款式为从前胸到腹部、两侧到摆缝的一块兜襟,上面两边结带系于颈部,左右两侧结带系于背部,下摆自然下垂,遮住小腹。有单的、夹的和内纳薄丝绵的,兜襟的形状有圆形、方形、蛋形、菱形、六角形、八角形、圆角形等等,面料一般采用颜色较鲜艳的真丝绸缎。精制的肚兜上还有鸳鸯、牡丹等以爱情或富贵为主题的手绣,旗袍制作上的镶、嵌、绲、宕等装饰技艺均可应用在肚兜上。一件漂亮的肚兜展现的是中国女性的温柔和妩媚。

### 七、经典名品系列

　　中式改良旗袍是振兴祥现代旗袍中的杰出代表,2000年获得了中国国际丝绸博览会金奖。2008年北京奥运会上,振兴祥的“青花瓷”等系列成为一道赏心悦目的风景,让世界友人赞叹不已,而振兴祥中式服装制作技艺也声名远扬。

　　博鳌中华衫是振兴祥制作的重大国际会议用传统礼服,对中国古代的衫衣加以改造,手工刺绣,外形上有点像唐装,又有点像衫衣,图案是体现热带风光的椰林海滩,具有浓郁的中国文化特色。

　　中西式套装是振兴祥专门为名人定制的名品服装,既继承了传统,又体现了当代审美追求,深得海内外知名人士的喜爱。杭州利民中式服装厂曾为邓小平夫人卓琳女士、陈云同志及夫人于若木女士

于若木女士对利民制作的中式背心十分喜爱

姚明在利民厂定制唐装

制作过九霞缎丝绵棉袄及丝绵背心，为外交部驻外各国大使夫人制
作过旗袍等外交礼服，为著名曲艺表演艺术家马季先生等众多社会
名人定制过各种中式套装。

振兴祥"青花瓷"系列奥运礼服

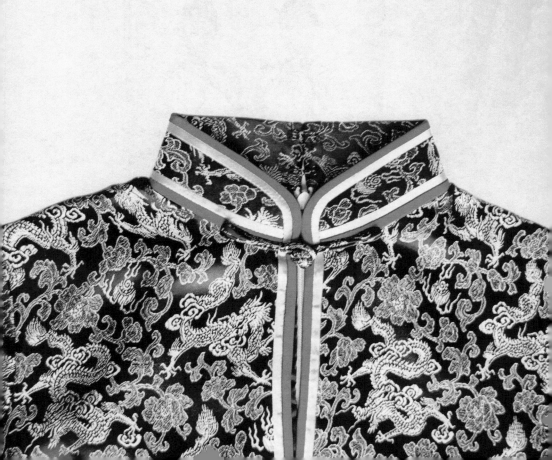

三、振兴祥中式服装制作工艺

振兴祥中式服装制作技艺是独家传统工艺，手工制作、量身定制、因人而异，精工细作是其特色。工艺流程主要包括款式构思、量度尺寸、选用面料、制版、裁剪、缝制、钉扣、整熨等，百余年如此，传人相沿成习。

# 三、振兴祥中式服装制作工艺

## [壹]面料、辅料及加工工具

### 一、面料

传统旗袍的面料主要是丝绸、棉布以及麻等天然材料，其中丝绸又分为100%真丝的真丝绸和真丝与人造丝交织的织锦缎。

丝织物的纤维强度高，色彩细腻，光泽柔和明亮，手感滑爽，高雅华丽。蚕丝由丝素和丝胶组成，含有十八种氨基酸，成分和人体皮肤非常接近，透气性能优良。它又具有其他材料所没有的优雅亮丽的光泽色彩，作为服装面料，没有哪种面料可以和它媲美，故历来有"纤维皇后"之称。

丝织物唯一的不足就是抗皱性能较差，难以打理，但是只要选择重磅的丝绸并做好水洗等后处理，就能解决这一问题。市面上的真丝绸一般都是16姆米，用19姆米的厂家就很少，而振兴祥选用的都是30姆米以上、40姆米左右的真丝绸，经处理后垂感好，抗皱性能优良，虽然成本高，但能有效解决真丝面料易皱的问题。

振兴祥使用较多的真丝绸面料主要有以下品种：

绉类织物：双绉、重绉、碧绉、乔其绉、凹凸绉、风吕敷；

定位印旗袍面料

织锦缎面料

杭罗面料

缎类织物：素绉缎、重缎、桑波缎、双宫缎、花缎、万寿缎、九霞缎；

纺类织物：杭纺、重磅绢丝纺、电力纺（一般用作服装里料）；

罗类织物：杭罗、花罗；

纱类织物：乔其纱、香云纱；

绡类织物：真丝绡。

振兴祥经常使用的真丝与人造丝交织面料，主要有以下品种：

缎类织物：织锦缎、古香缎、金玉缎、素软缎、宋锦；

绉类织物：留香绉；

绢类织物：天香绢；

绒类织物：金丝绒、立绒、烂花绒、烂印乔绒。

根据客人的需求，振兴祥也制作一些全棉和麻类的服装，都具有天然环保的特征，穿着舒适透气，虽不如真丝绸缎，但成本相对较低，男装用得较多。女装以印花面料为主，而男装更多地选择一些全毛花呢类面料，挺括大气，彰显身份。

## 二、辅料

辅料是制作高端服装必不可少的组成部分。在这里，把除面料以外用于服装的所有材料都统称为辅料。根据所起作用的不同，可以将辅料分为里料、衬垫料、填料、装饰材料、标志材料、扣紧材料、线和包装材料等。

桑波缎里料

电力纺里料

## 1. 里料

服装里料是衬在服装最里层的材料，通常称为里子、里布或夹里，全部或部分衬垫在服装面料里面，起到衬垫和内里美化的作用。

旗袍等大多数服装的里料都是直接接触皮肤的，因此环保和舒适非常重要。振兴祥服装绝大多数采用100%真丝里料，主要品种有桑波缎和电力纺等。

其他外穿或不直接接触皮肤的服装，会选用全棉里布或人造丝里布，人造丝里布又分为粘胶纤维类的美丽绸和醋酸纤维类的亚沙的等。它们本身都是天然纤维粉碎后合成的，因此具有环保、透气的特点，平挺度、手感、光泽都优于全棉里布。二十世纪八十年代曾经流行一款骆驼绒夹袄，里子是用骆驼绒做的，保暖性能相当好。

除特别需要之外，振兴祥服装极少采用涤纶、尼龙类的化纤里

料，因为它们在环保、透气方面不太理想。

### 2. 衬垫料

衬垫料是夹在服装面料和里料中间的某些部位，衬托、完善服装塑型或辅助服装加工的各类材料，主要使用在领子、前胸、挂面、贴边、腰头、袋盖等部位。以前全部通过上浆的办法来制作，根据不同部位的需要选择不同厚薄的全棉布。随着现代服装加工工业的发展，各种用度的黏合衬出现，振兴祥服装就在某些部位使用黏合衬，主要有无纺衬、针织黏合衬、机织黏合衬等，根据面料不同、部位不同和手感需要的不同来选择。领子上会选择合适的树脂衬。

中式服装的男装原先都是比较宽松的，无须加衬，但不够精神；现在改进为紧身装袖的男唐装，并在前胸加上马尾衬，挺括度和精神气完全可以和高级西装媲美。

### 3. 填料

填料主要使用在冬季穿着的棉装上，如丝棉袄、丝棉裤、丝棉背心、丝棉肚兜等。大多数用的都是100%纯丝绵，也可用棉花和驼绒填充在面料和里料中间，起到保暖的作用。也有再增加一个真丝里子的，更显高档。

### 4. 装饰材料

装饰材料主要是用在服装表面起到装饰作用的，使服装看上去更华丽。装饰材料主要分两大类：一类主要是旗袍常用的镶条、嵌

条、绲条、宕条、盘
扣条等，绝大多数
采用不同色彩的素
绉缎、素软缎、花边
等；另一类主要有
人造钻石、人造珠
片、各种材质的纽
扣、特殊标记等。
现在流行的人造

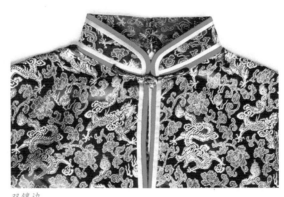

双镶边

钻石和珠片样式各异、色彩丰富，选择得当能制造出相当华丽的效
果。钻石主要是高温烫到面料上去的，珠片则主要是手工缝制的。
各种材质和形状的纽扣可以作为直扣或者花扣的扣头，起到装饰作
用，也可直接作为纽扣使用。

## 5. 标志材料

标志材料是对服装的有关情况加以说明的。振兴祥服装的标
志材料有主唛、尺码唛、洗唛、吊牌等。主唛就是商标，使用"振兴
祥"商标表明这是振兴祥生产的服装；尺码唛标注着服装的大小，
是选择时的主要尺寸数据；洗唛标注着服装面料、里料和填充物
的成分、洗涤方法和整烫温度；吊牌是服装出厂时挂在服装纽眼
或者尺码唛上的，汇集了主唛、尺码唛和洗唛上的所有信息，而且

主唛和吊牌　　　　　　　　　　尺码唛　　　　　洗唛

更详细，会对注意事项和联系方式加以说明，并标有条形码，便于查询。

### 6. 扣紧材料

扣紧材料主要用于把服装的各开襟处连接起来。振兴祥服装使用的主要是各类直扣、花扣、揿扣和风纪扣。直扣和花扣的品种花样繁多，在连接开襟处的同时又起到装饰的作用；揿扣主要用于不需要外现的位置或花扣之间，使开襟更平整伏贴；风纪扣主要是用在领口上的，根据需要选择使用。

现代人喜欢便捷，在一些开襟处也会选择使用拉链。一般在腰围最细处装上拉链，也有的在前面做上假大襟并饰花扣，在后中装一条拉链，穿着方便。振兴祥使用的都是YKK拉链。

### 7. 线

线是连接衣片最主要的材料。振兴祥服装使用的线主要有手

丝线

工缝制线、装饰线和内衬棉线。手工缝制线早先用的都是棉线和丝线，根据面料厚薄和部位不同选择不同粗细的线，大多必须和面料同色；现在棉线少了，大多使用涤纶线。钉直扣和花扣用的都是丝线。装饰线用于在衣服表面缝制出星点等有规律的装饰线条，一般都是和面料撞色且相对较粗的丝线。内衬棉线主要是用在嵌线里面的，为了使嵌线圆润饱满，具有立体感，在嵌线的中间要缝进一根圆润的线。嵌线有粗嵌线、细嵌线等不同种类，因而就要选择粗细不同的衬线，一般选用圆润且有一定钢骨度的蜡线，以保证缝制出来的嵌线饱满、挺括、立体效果好。

### 8. 包装材料

为了服装出厂时方便客人提取以及塑造良好的产品形象，外包装是必不可少的。振兴祥服装的包装分为折装和挂装两种。丝绸的旗袍、衣服套装等一般采用折装，配有硬纸盒外加硬纸板手拎袋，服装折叠得和纸盒一般大小，放在底盒里，然后盖上面盒。盒子和手拎袋上面都印有振兴祥商标以及一些必要的宣传资料和联系方式，方便客人的同时也做了品牌的宣传。毛呢和衬棉的厚装一般采用挂装。精致的木质立体衣架上刻有振兴祥商标，选用具有一定防水功能的高端涤纶面料缝制出一只挂装袋，同样印有振兴祥商标，挂在衣架上的服装整个放入挂袋内，拉上拉链。顶上开个小口，把衣架的挂钩露出来，方便客人提取回家后直接挂入衣橱，平时穿洗

包装盒与手拎袋

后可重复使用。

### 三、加工工具

振兴祥中式服装制作技艺包含了独特的裁剪缝纫技艺，其制作器具除常见的剪刀、针、皮尺、木尺、曲线板等裁缝工具外，还有如今服装制作不再见到的刮糨刀、糨糊、粉饼、粉线袋、水线、顶针、大头针、钻子、镊子、皮刀、火熨斗、烙铁、熨垫等。

#### 1. 剪刀

剪刀有大、中、小剪刀，机剪等。大剪刀一般用于裁剪，中剪刀用于修剪布片，小剪刀和机剪用于修剪线头。

#### 2. 针

根据面料和针法选择不同长短规格的针，以方便缝制为准则，一般缝制用普通的针，绗棉等就要选用长针。

#### 3. 尺

常用的有皮尺、木尺和曲线板。皮尺也有塑料制的，一般长1.5米，用于量体；木尺一般长1米，另有一种用毛竹制成的，长度为一市尺，用于直接在面料上画版和摊面料；曲线板有两种，一种是塑料制的，上面有多种形状的曲线，另一种是电胶板制的，长弧形，都是用于在制版时勾画曲线的。

#### 4. 刮糨刀

刮糨刀是用毛竹制成的，前面一个三角形的刮片，后连一个手

剪刀

手缝针

木尺

皮尺

柄, 用于给各个部位上糨糊。

## 5. 糨糊

　　糨糊用于上糨以及黏合衬料和牵条, 也可以用来代替疏缝, 方便后面的缝制。糨糊必须用专用的小粉, 普通的面粉是不能用的, 时间长了会发霉。糨糊的浓度要调得适当, 粘合用的相对要浓一些, 上糨的可以稀一点, 容易涂匀。

### 6. 粉饼

粉饼用于在面料上画裁剪线，若用其他笔，颜色就会留在面料上而无法去掉。

### 7. 粉线袋

粉线袋是制作中式服装的专用工具，用于在面料上画线。丝绸薄而柔软，用粉饼很难把线画准确，而用粉线袋在面料上一弹，清

糨糊和刮糨刀

粉饼

粉线袋

晰又准确的线马上就出现了。粉线袋用里布和面布两层缝制而成，要选用高密度的布料，这样细粉才不会漏出来。双层布料缝制成一个小的圆柱形，两头扎紧，中间圆肚里灌满碾细的粉饼，选用一根长1.5米左右的棉线穿心而过。使用时左手握着粉线袋，右手拉动棉线，粘满细粉的棉线在布料上一弹，细粉留在布料上，就形成了清晰的裁剪线。粉线袋不但可以画直线，熟练以后画弧线同样快而准确。

### 8. 水线

水线一般为一根长约60厘米的棉线。使用时先把线浸在水里，然后取出来用口唇试一下水的分量，再按在需要折缝的位置。面料碰水后就会变得伏贴易折，然后用熨斗一熨就能使折痕直而平整，特别是在斜条、折细边或其他需要折得平整的部位，水线是不可或缺的有效工具。

### 9. 顶针

顶针是手工缝制时套在手指上的工具，有时面料厚重而针不易穿过，就需要用顶针增加力度把针扎过去。

### 10. 大头针

大头针用于固定面料或折痕的位置，方便快捷，可以代替疏缝。

### 11. 钻子

钻子是在面料上确定褶位等缝制位置时用的。

### 12. 镊子

镊子一般是在制作花扣和打扣头子时用的。制作花扣时镊子可以固定折位，方便省力；打扣头子时用镊子拉伸扣条。

### 13. 皮刀

皮刀是制作毛皮衣服时切割毛皮用的。毛皮上带有绒毛，若用剪刀裁剪，势必会损伤绒毛，而用皮刀切割则能保证绒毛不受损伤。

### 14. 火熨斗

火熨斗是在衣服制作过程中熨平布料和完工后成衣整熨时

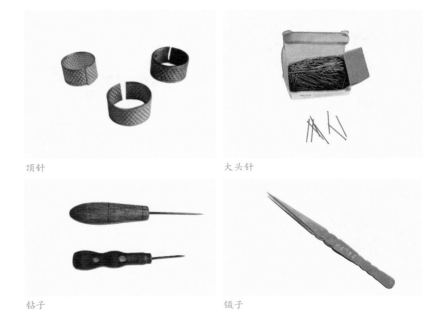

顶针　　　　　　　　　　　　　　大头针

钻子　　　　　　　　　　　　　　镊子

用的。以前没有蒸汽熨斗，用的就是火熨斗。在小炉子里点燃木炭，火熨斗放在木炭上，经常熨一会儿就要重新加热，温度高低的控制全凭经验。师傅们拿起熨斗往底面上泼一点水，看水的汽化程度就能知道熨斗的温度。要根据不同的面料特性选择不同的温度。

### 15. 烙铁

烙铁也是在木炭炉上加热以后用于熨平面料的工具，一些边角部位火熨斗伸不进去，而烙铁可以。

皮刀

火熨斗

手臂熨垫

圆熨垫

## 16. 熨垫

熨垫在整熨时用作衬垫，方便整熨。肩膀等部位有立体感，在平面上很难整熨。胸位上要通过"归"和"拨"使表面圆顺且有立体感，都必须用衬垫才能整熨伏贴。

[贰]制作流程

振兴祥中式服装制作技艺是独家传统工艺，手工制作、量身定制、因人而异、精工细作是其特色。工艺流程主要包括款式构思、量度尺寸、选用面料、制版、裁剪、缝制、钉扣、整熨等，百余年如此，传人相沿成习。

## 一、款式构思

振兴祥强调量身定做、个性化制作。凡顾客上门，必先与其聊天，了解其身份、年龄、性格爱好、气质特点、身材特征以及服装穿着的场合，然后根据上述因素确定款式。服装款式必须能扬长避短，将顾客的原有气质改进提升，使"三分人才"通过"七分打扮"达到"十分效果"。

款式构思决定了衣服的雏形，是振兴祥中式服装制作技艺的第一步，也是最重要的一步，构思者必须具有足够的社会知识和判断能力。振兴祥负责款式构思的技师均需在师傅身边耳濡目染三至五年才可胜任，这也是振兴祥成衣技艺一直沿用的老规矩。

## 二、量度尺寸

振兴祥视顾客为衣食父母，在替顾客量度身材尺寸时，必须态度谦恭，手脚麻利，一量即准，不差毫厘，不得拖泥带水、反复比量。为了保证成衣的舒适度，需要量度尺寸的部位特别多，如一件常规旗袍，光主要尺寸就有22个，还有许多用于参考的数据。一些高明的技师还有目测的本领，即不用尺子，在离顾客三五米处，通过肉眼即可对顾客的身形尺寸作出准确判断，成衣完成保证合体，此时的量度只是复核而已。目测非一朝一夕之功，必须具备深厚的裁剪功底方可做到。

量度尺寸

### 三、选用面料

面料的选择是服装直观效果的关键。因此，在选择面料时必须同时考虑顾客的年龄、身材、肤色、气质，所选的款式以及穿着的场合，要从材质、颜色以及花样三个方面综合考量，保证穿着效果。

振兴祥中式服装的纹饰以传统的吉祥图案为主，旗袍图案取材更广泛，现在一些以水墨画手法描绘的花卉也被选用。

振兴祥中式服装纹饰以传统的吉祥图案为主

#### 四、制版

振兴祥的制版完全采用传统手工技艺，所用工具为直尺、曲尺、粉饼、粉线袋等，尺寸的缩放全凭长年积累下来的经验，一般都由最有经验的老师傅来承担。

制版是服装成型中最关键的一步，必须根据客人的体型规划出优美、顺畅的曲线，该放的放，该收的收，制成的衣服必须能够充分展示客人的曲线美，起到突显优点、掩盖缺陷的作用，用师傅们的行话说就是"多一分太肥，少一分太瘦"。

#### 五、裁剪

裁剪有大裁、小裁、锁壳裁、对花裁等，要求确定面料的经纬方

制版

向和图案纹饰的方位，不得随意颠倒。如梅花是中式服装常用的图案，一旦颠倒就有"倒霉（梅）"之意，这是制作上的大忌。类似的禁忌很多，凡在振兴祥做学徒者，必须时刻牢记，烂熟于心。

裁剪的具体步骤为：

确定衣料的经纬方向和正反面，把正面叠在里面，粉线画在反面；

确定衣料的对折线，旗袍前后中心都没缝，排料时可以把面料独边对折，折够身肥即可；

确定衣料图案的方向，使衣片、袖片、领片上的图案方向一致，如碰到"福""禄""寿""喜"等团花，裁剪时还要进行对花，保证

裁剪

成衣缝接处仍为整花,且花形对称,美观大方;

裁剪丝绒面料时,注意使各衣片毛绒倒向一致,以免有色差;

裁剪时,要在轮廓线外加适当的缝份和贴边,包边和嵌线的止口也有所不同,要根据不同的体型,确保曲线圆润;

检查面料裁片和里料裁片的数量和质量,核对无误后方可进入缝制工序。

## 六、缝制

振兴祥服装缝制,对针脚密度、纱线走向、缝制针法和配色等工艺以及缝制顺序都有具体要求。一件制作完毕的振兴祥服装,外观浑然天成,看不出一点针头线脚,这只有手工精制才能做到。振

缝制

兴祥缝制技法包括：镶，即在服装各个边缘部位镶上或宽或窄或细的色条以体现层次感，根据效果需要可同色、可撞色，一般从0.3厘米到7.5厘米宽均可；嵌，即在镶好的边上再嵌上一条不同颜色、细小饱满的线，以使层次分明；绲，即在服装的边缘部位里外同时包上一条边，可同色亦可撞色；宕，即在服装大身的不同部位根据需要加一根饰条，大多采用撞色以体现立体感；盘，即把一条细长的缎带回旋缠绕成优美的纹饰图案，用灌针缝制在服装的不同部位，可同色亦可撞色，体现层次分明、错落有致的立体美；钉，服装缝制完毕，最后用灌针钉上形态各异的花扣，起到画龙点睛的作用；勾，即在服装的贴边或装饰部位用珠点勾勒出各种形态的装饰线条，珠点可长可短，可疏可密，起到美化的作用；绣，即在服装的不同部位绣出彩色花形图案，色彩艳丽，立体感强；撞色，即采用不同颜色或不同风格的面料在旗袍的某些部位进行拼接，产生鲜明的对比。在这些技法中，盘扣是振兴祥中式服装制作技艺最鲜明的特色，也是纯手工的绝活。

## 七、整熨

服装整熨是服装制作的一个重要环节，使用高温熨斗将衣服不平整及褶皱部位进行工艺处理，使外观平整、立体、美观。衣服的整熨过程非常重要，甚至有"三分做工，七分整熨"之说。原先振兴祥的师傅用的都是火熨斗，温度全凭经验控制，现在虽然有了自动控温的电子蒸汽熨斗，但整熨技术还是需要有丰富经验的，特别是"归"和"拨"全凭经验和手势，非一朝一夕能够掌握。

服装整熨分为小熨、中熨和大熨。

### 1. 小熨

为了塑造成衣的线条造型和提高关键部位的挺括度，裁剪完毕的裁片进入缝制之前先要进行小熨，同时进行刮糨，必要时还要使用水线。

服装的领片、挂面、贴边、袖口、贴袋、袋盖、镶条和宕条等，都需要先用硬纸板制成的样版套起来熨出止口，以保证缝制后形状大小一致、线条平顺。衣服大身的边缘处除了预先熨出止口外，在圆角或斜势的边缘还要刮上糨糊并熨上本料剪成的牵条，来保证线条平顺、斜势部位不变形，以免形成木耳边。

为了保证领子、袋盖等部位有一定的硬度和平挺度，都要预先刮上糨糊、熨上衬布。特别是领子，需粘熨多层衬布并熨出止口，这样穿着时才能挺起来。以前没有黏合衬，全凭上糨粘衬来造型。现在有一些部位可以用黏合衬代替，但很多关键部位还是必须用刮糨粘衬来制作。另外，黏合衬基本用锦纶、涤纶类材料加胶粒制成，透气性能极差，因此尽量少用。

一些斜势的止口和宕条要熨得平顺，难度很大。特别是宕条，本身就很窄且是斜势，成衣后绝对不能起皱，这时就要运用中式服

火熨斗

装制作的专门技艺"打水线"，在需要熨出止口的部位打上水线后，就能够熨得服服帖帖。

在小熨中，刮糨是一门很有学问的技术，哪里该刮、哪里不该刮以及刮糨的厚薄匀称都是有讲究的。

### 2. 中熨

在衣服缝制过程中对半成品进行预熨叫中熨。在服装缝制过程中，首先是打褶，打完褶就要根据不同的要求把折褶部位整熨平整，在大身拼接和各部分缝合过程中把缝接处表面熨平整。有些部位在成衣后是很难整熨服帖的，缝制了一半的镶条、宕条、绲条、嵌

整熨

线等都要预先整熨，以利于后面的缝制。

在整熨过程中，不论中熨还是小熨，对于面料的凹凸部位，都要通过"归"和"拨"使之更符合人体的曲线要求。因此，中熨是衣服成型过程中非常重要的一个环节。"归"即通过熨斗的高温挤压使面料的密度增大，从而缩短原来的长度或宽度；"拨"即通过熨斗的高温拨抻使面料的长度或宽度增加。这是振兴祥中式服装制作技艺中不可或缺的一项传统技艺。

### 3. 大熨

整件衣服缝制完毕以后进行全面的整熨，这就是大熨。通过高温整熨，使服装外观平整，整体造型更加美观。有前面的小熨和中熨打底，后面的大熨就容易多了，若小熨和中熨不到位，有的问题大熨也无法解决。

整熨完毕的服装，稍事挂晾即可包装交货。

## [叁]手工工艺

振兴祥中式服装制作技艺的传统特色工艺有许多种，包括基础手工针艺、绲边工艺、镶拼工艺、嵌线工艺、宕条工艺和盘扣工艺等。

### 一、手工针艺

手工缝制在中式服装的制作工艺中占有很大比重。手工针艺是振兴祥中式服装制作技艺的基础，具有灵活、方便的特点，是所有不同缝制工艺中必不可少的一项基本技能，根据不同的部位和缝制要求分别采用不同的针法，大致可以分类如下。

#### 1. 平针

平针是手工针艺中最基本的针法。针线在缝合面上上下均匀地向前走针，每针的间隔相等，用于二层或多层面料的平面缝合，是较常使用的一种针法。

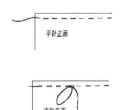

平针正面

平针反面

#### 2. 行针缝

行针缝的缝制手法和平针基本相同，只是针距不同。行针缝的针距相对较大，一般用于受力较小的平面缝合或进行位置固定。行

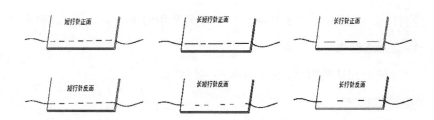

针缝又可分为短行针缝、长行针缝和长短行针缝,针距可根据需要自由调节。长行针缝一般用于临时固定,用完即可拆除。

### 3. 绕边针

绕边针常用于固定衣服下摆等边缘部位的翻边。翻边毛边向内里折进以后,从里往外走针,把翻边固定住。绕边针的正面只露出一排整齐有序的细小线痕,反面斜向的线把翻边的折边固定在面料上。

### 4. 镶嵌缲边针

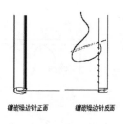

镶嵌缲边针的针法和绕边针的针法基本相同,不同的是绕边针一般用于单层面料,因此必须在面料正面穿出细小的线痕,而缲边针都是用在具有多层面里的镶条和绲条上,因此针线在多层面料中间穿过,表面不露任何线痕,反面则和绕边针

一样用斜向的线将折边固定住。

### 5. 回针

回针也叫倒勾针，基本针法和平针相同。从面料的正面进针，穿过里料后从正面出针，不同的是后面一针从前面出针的位置往回退一定的距离再从正面进针，循环往复。回针反面的针迹是重复往返的，正面的针迹大致分两种类型：一类是后面一次进

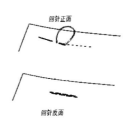

针的位置和前面一次的出针位置拉开一定的距离，正面的针迹为星点状；另一类是后面一次进针的位置和前面一次出针的位置基本重合，则正面的针迹为连续状态。回针一般用于面料拉力较大的缝合位置，如把缝、袖窿、领圈、裤裆等经常拉伸的部分及弧线部位。

### 6. 拱针

也称星点针。拱针的针法和回针基本相同，唯一不同的是拱针从多层面料的中间穿过，反面不露线迹，只是在面料的正面留下针距相同、或长或短的星点，大多用于在服装的边缘部位作装饰。

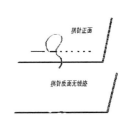

### 7. 锁边针

锁边针用于面料经裁剪后的边缘部位，通过细密的锁边针法把

毛边裹起来，防止面料的边缘部位松散脱线。走针时从面料正面的边缘部位从下往上进针，把线套在线上，循环往复。锁边针的密度可以根据需要调节，可单层面料锁边，也可以两层或多层面料同时锁定。

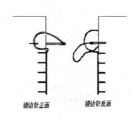

锁边针正面　　锁边针反面

### 8. 斜扎针

斜扎针是把两边面料的毛边先各自内折，然后沿折边斜向走针把两边缝合起来。一般用于绕扣条、封口等部位，针距根据需要可疏可密。

斜扎针绕扣条

### 9. 杨柳针

杨柳针一般用于下摆等折边部位，固定下摆折边的同时起到装饰作用，因此一般选用和面料撞色的丝线。走针时，先从正面进针，穿透背面后再沿背面平行往上从正面穿出，同时把正面的上一针线段绕进去以后继续循环走针，线路成"之"字形。因形成图案状似柳枝，故称杨柳针。

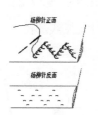

杨柳针正面

杨柳针反面

### 10. 一字扣绕针

一字扣绕针法是专门用于缝制一字扣

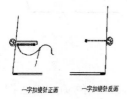

一字扣绕针正面　　一字扣绕针反面

的。中式服装手工制作中，除了星点针外，这是唯一一种明线出现在服装表面的针法。走针时绕针穿过扣子五分之二宽度的位置，然后从下面走针，和面料连接起来，如此循环往复，要求针脚细密平直、整齐匀称、松紧适度。看似简单，其实技术要求相当高。

### 11. 钉纽襻针

中式服装制作中，有时需要用线襻代替扣眼。先在纽襻的两头来回缝上三至五根长度合适的线段，然后从纽襻的一端起沿线段逐针绕结至纽襻的另一端。缝制线段时必须长短松紧一致，绕结时必须间距松紧一致，这样缝出来的纽襻才会精细、匀称、好看。

钉纽襻针法

### 12. 一字针

一字针主要用于两块毛皮平面上的连接。走针时先从一块毛皮的正面边缘上进针，然后在背面以一定的斜度从另一边毛皮的边缘穿出，如此循环往复，形成正面平行、反面斜向平行、整齐划一的线迹。

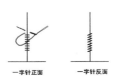

一字针正面　　　　一字针反面

### 13. 拉线襻针

线襻一般用于面里牵制连接定位。先在需固定的一端把线缝

拉缝襻针法

制定位，然后通过绕结的方式使线襻不断延长，到合适的长度后缝制到需牵制的另一端即可。

### 14. 三角针

三角针正面

三角针反面

三角针和绕边针的作用大致相同，都是用于衣服下摆等边缘部位固定翻边，但针法不同。三角针除固定作用外还起到一定的装饰作用，也是从反面向外走针，沿着折边的边缘上下交叉进针，进针时都是穿过面料后往回出针。上针穿过表层面料，在面料上留有细小的线痕，下针只穿过折边面料而不穿过表层面料，这样就在服装的正面留下一排细小整齐的线痕，而反面则形成规律的三角形线迹。

### 15. 套结针

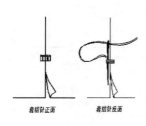

套结针正面　　套结针反面

套结针常用于服装开衩、封口等边缘部位，以增加这些部位的牢固度。起针时先根据套结的长度在两片面料的连接处边缘绕上三至七针，然后按锁眼的方法将绕线锁满。要求针距紧密、整齐、匀称，且缝线必须缝住里面的面料，以保证套结的抗拉度。

### 16. 缲针

宕条等必须在服装表面缝制且不能显露线痕的地方，就需要用缲针针法来缝制。缲针在宕条和面料重合的夹缝里上下交叉走针，难度较大，完成后表面看不到一根线头。

## 二、绲边工艺

绲边即在服装的边缘部位包裹上一条圆润饱满的饰条，以此增添服装美感的传统特色缝制工艺，为中式服装增添优雅、含蓄的韵味。绲边是传统服装常用的表现手法，颜色可选择对比色，以增强视觉的反差效果，突出线条的魅力，也可以选择同色系色彩，或直接用面料做绲边。绲边既可以用面料做，也可以用软缎做，但其缝制均要符合以下要求：圆润，宽窄一致，有立体感；缝制后没有起涟、起皱、扭曲、变形等现象；有足够的柔软度，不影响面料本身的质感。

绲边既可以同时在底边、衩边、门襟、领缘、袖口及袖窿等多处作装饰，也可以只在某一处使

绲边云花

用, 兼有使服装边缘光洁、牢固的实用功能。

绳边的种类, 按宽度可分为宽绳、窄绳和细香绳。绳边也有明线式和暗线式之分, 除特殊需要外, 振兴祥采用的都是暗线, 全凭手工完成, 具体过程如下。

**1. 确定绳条宽度**

绳条的宽度一般根据款式的需要在0.3至1.5厘米之间选择, 制作时应考虑因面料的厚度以及斜料容易拉伸而引起绳条宽度变窄等因素, 酌情放宽一些, 一般由绳边宽度、绳边缝份、折入宽度、里折缝份组成, 宽度必须一致。

单绳边如意头

## 2. 进行准备工作

一是选料，最好选用柔软而富有弹性的丝绸或素软缎，这样缝制出来的绲边具有立体感，也可根据款式造型和色彩装饰的需要，选择与面料不同质地的绸缎或棉布。二是上糨，先在布料的反面均匀地刮上一层较薄的糨糊，使绲条挺括，待自然干燥后用熨斗熨平，恢复布料的弹性和柔软感。绲条一般采用斜丝绺，因为斜丝绺的布料伸缩性最大，易于弯曲、扭转，包绲效果好。用手工绲边，则绲条须呈"丿"字形，俗称"顺丝绺"。

## 3. 具体制作过程

将折缝的绲条放在衣片的边缘，正面与衣片的正面相叠。沿折缝线缝合后对缉缝进行修剪，以确保缝份大小一致。绲条要放平，如遇内凹的圆弧部分，绲条宜拉紧；如遇外突的圆弧部分，绲条宜放松。

表面缝制完成以后，将绲边斜条内毛边折匀，然后沿衣片边缘包紧，从里面用缲边针法缲定。缲好的绲边必须宽窄一致，达到平整、圆顺、饱满的效果。绲边后的服装，正面看不到一个针脚，全凭手工完成，机器无法做到。

## 三、镶拼工艺

传统中式服装是很讲究镶拼工艺的，镶拼也是振兴祥制作技艺中用得较为普遍的一项技艺，并且在长期的服装制作过程中形成了独特的风格。振兴祥的镶拼工艺主要分两大类，一类是镶拼，另一类是镶边。

镶拼即采用两种不同的面料，根据设计需要在服装的不同部位通过拼接形成衬托或反差效果。可以以一种面料为主面料，另一种面料为辅面料，用辅面料在胸口、腰部、下摆或袖口等合适的部位镶拼出优美的图案或造型，也可采用两种不同的面料或相同面料的不同颜色，通过各种不同的镶拼组合产生撞色效果，使服装更具立体感。

镶边即用不同的材料在服装的门襟、领缘、衩边、底边、袖口、袖窿、裤脚等边缘部位缝制出一系列镶条。镶条大多采用本料或软缎，需以斜势制作，也可采用其他花边、绣片和彩带等装饰材料。镶条的颜色可以选择反差较大的撞色，也可选择同色系深浅不同的颜色，不同配色展示出各不相同的风格。镶条可以是一镶一嵌（即一根镶条内衬一条嵌线），也可以两镶一嵌、三镶一嵌，可以用多条镶条配以多条嵌线，也可以只用多条镶条而不用嵌线。振兴祥制作的宫廷旗袍最多用"十八镶"，即有十八根镶条。采用多条镶条时，最边缘的那根一般采用大身本料的颜色，内里的颜色可有多种选择，但必须考虑整体的协调性。

绲边和镶边的差别在于：绲边通常只有一条，且都是在服装的边缘部位面里同步包里的，镶条则镶缝在服装面料表面，除最边缘

三镶一嵌　　　　　　　　　　宽镶边

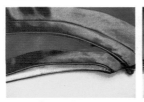

两镶一嵌

一条需和内里同步包缲外，都是单面缲缝在服装表面的；绲边的宽度一般在0.3至1.5厘米之间，而镶条的宽度一般可以从0.3至7.5厘米之间自由选择，有时根据需要还可以更宽。

镶边的制作要领和绲边基本相同，全部需用手工暗针缲定，表面不露一根线脚。

### 四、嵌线工艺

嵌线，顾名思义就是在服装的适当部位嵌上一条细线。为了使线条圆润饱满、具有立体感，嵌条内需衬上一根粗细适当的实心线。嵌线分粗嵌线和细嵌线两类，因嵌条面料、内衬棉线粗细不同而不同，直径从0.1到0.6厘米不等，可以自由选择，分别用在不同的

嵌线

部位。细嵌线一般用在镶条的旁边，起到互相衬托的作用；粗嵌线一般用在服装的边缘部位，在装饰的同时又可使服装边缘更挺括，通常也叫拉线。嵌线的材料大多为素软缎，也可以用本料制作。嵌线的颜色和绲条、镶条一样可以有多种选择，但要满足服装设计的协调和撞色需要。嵌线的制作要领和镶绲工艺相同，但内衬的棉线必须先做好预缩处理，否则棉线一旦缩紧，衣服就不平整了。在制作过程中嵌线必须把棉线包紧，这样才能保证粗细匀称、立体饱满。

## 五、宕条工艺

宕条就是在镶嵌好的镶条或嵌线边，相隔一定的距离缝制一条宽窄均匀、线条流畅的饰条。宕条和镶条最大的区别是：镶条一般都是沿着服装的各部分边缘镶缝的，若有多条则一条条紧靠在一起；而宕条则是离开边沿一定距离单独缝饰在服装表面的，可以和镶条平行间隔相同的距离，也可以绕出各种花样图案。

宕条可以是一条，也可以是多条，宽度一般在0.3到1厘米之间，多条宕条可选用多种色彩和不同的宽度。宕条的材料一般为素软

一绲二宕

一绲一宕

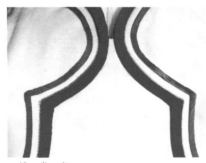

一镶一嵌一宕

缎，也可选用花边或彩色的织带。宕条的制作难度要大一些，且越细难度越大。其准备工作和绲条基本相同。

宕条有单层，也有双层，两者的裁剪宽度不同。单层宕条的宽度由宕条成品的宽度和两边的缝份组成，双层宕条的宽度由两倍的宕条成品宽度和两边的缝份组成，裁剪时必须做到宽度一致。花边或彩色织带本身就是光边，一般直接缝制即可。双层宕条更丰满，立体效果更好。

制作单层宕条，先按成品宕条的宽度把两边折缝折好并熨平，然后把一边的折缝正面和服装的正面相合，沿折痕位置缝制到位，再把宕条另一边折缝用暗缲针缲在衣服上。双层宕条也是先把宕条反面朝里对折，然后按成品宕条的宽度把缝份折好并熨平，缝制时先把带缝份这边沿折缝线缝制到服装上，然后将对折光面翻过来用暗缲针缲定在衣服上。缝制完工的宕条必须宽度一致，线条圆润饱满、流畅美观。

　　镶、嵌、绲、宕四种工艺在中式服装制作中经常组合使用，给人以精致、华贵的美感。四项工艺都有一个共同的要求，即走向一致，不得扭曲，粗细宽窄一致，线条平滑流畅，表面不起涟，无褶皱，圆润饱满而具有立体感。在制作过程中，为了保证线条的宽窄一致，必须用到打水线技艺，宕条制作尤其如此。另外，这些工艺在涉及转角、圆弧线时，必须用到中式服装制作技艺中的"归"和"拨"两项。平直的布条要把圆弧的内边面料归紧、外围面料拨松，才能保证圆弧转角的线条平整顺畅。这两项技艺已经少有人会，只有振兴祥仍保留着这些专门的技法。

## 六、盘扣工艺

　　"盘"即是用一条细长饱满的缎带在服装表面回旋缠绕出各种花样图案，体现层次分明、错落有致的立体感。宕条和盘饰最大的区别在于宕条是平面制作的，而盘饰是立体制作的，宕条以线形装饰为主，而盘饰以立体造型为主。盘饰既可直接作为图案，起到锦上添花的作用，又可作为纽扣——盘扣。

　　盘扣制作工艺极为讲究，其造型细致，花样繁多，是装饰和点缀中式服装不可缺少的部分，凝聚了中国传统服装文化的精华。

　　按照制作工艺不同，盘扣可以分为硬花扣和软花扣两大类。花扣没有具体的尺寸，可以根据服装的款式和装饰效果而定。式样以具有中国传统文化特色的吉祥图案为主，如龙、凤、福、禄、寿、喜、琵琶、蝴蝶、石榴、菊花、兰花、吉祥、如意等。

　　花扣的扣头一般有两种制作方法，一种是较为简单的蜻蜓纽，纽头部分形似蜻蜓头，盘结圈数较少，做法较为简单，多用于厚料

盘饰和花扣

上；另一种是盘结较为复杂的葡萄纽，纽头部分形似葡萄，多用于薄料上。也有采用其他材料制作扣头的，如珍珠、球形的玉石、景泰蓝小圆球、木质或骨质的小圆球等等，各有各的特点。

　　花扣一般用素软缎制作。首先选择好颜色适宜的软缎，背面均匀刮上一层薄薄的糯糊，干了以后用熨斗熨平整，根据扣条的需要

软花扣

开出宽窄一致的45°斜条，宽度一般为扣条高度的四倍。然后将两侧各四分之一的毛边往里翻再对折，用斜扎针绕定。为了使扣条圆润饱满，有的还需在里面衬上一条一定厚度的纱带或毛线。制作硬花扣时要在里面衬上一根铜质漆包线，使扣条具有一定的硬度，以利造型。这也是硬花扣和软花扣的最大区别。

花扣的颜色根据配色的需要选择，一般需与面料的颜色相协调，除特别设计外，通常都选择服装上已有的颜色。

花扣还有以下几种类型。

单色花扣：用一种颜色的面料缝制的花扣。

双色花扣：用两种不同颜色的面料缝制的花扣，在缝制工艺上可分为由两种颜色的面料缝制成单一的扣条或由两种不同颜色的扣条缝制成双色花扣。

多色花扣：用三种以上不同颜色的面料缝制的花扣。填芯花扣大多为多色花扣。

立体花扣：扣条在盘制过程中需要立体交叉，使花扣更具立体感。

实心花扣：扣体内不留空隙，扣条和扣条之间紧密相依。软花扣大多为实心花扣。

空心花扣：利用扣条盘制出各种不同的造型，扣条之间会有很多不规则的空隙。空心花扣基本都是硬花扣，有一定钢骨度的扣条能保证花扣有优美的造型。

填芯花扣：在盘制好的空心花扣内的空隙里填上颜色各异的芯（软缎内衬棉花等）。根据花扣的空隙造型，可全填也可部分填，填芯必须圆润饱满。

根据造型的不同，花扣又可分为象形花扣和几何图案花扣。

象形花扣有模仿动物的金鱼扣、蝴蝶扣、凤尾扣，模仿植物的大树扣、小树扣、树叶扣、菊花扣、梅花扣、兰花扣、萝卜扣、白菜扣、桃子扣以及模仿琵琶的琵琶扣等等。

几何图案花扣有模仿文字的一字扣、寿字扣、万字扣、福字扣、喜字扣、吉字扣，也有几何图形的如意扣、波形扣、单元扣、双元扣、三元扣、多元扣、三角形扣、四方扣等等，还可以盘饰成各种艺术图案。盘扣不但可用在传统服装上，还可用于钱包、抱枕、请柬、手机套、电脑包等，与现代生活完美融合。

掌握了花扣的盘饰技术，就能自由发挥，制作出许多精美的造型。以下为几种盘扣的具体制作方法。

**1. 纽条的制作**

先把面料熨平，并在其反面均匀地刮一层薄薄的糨糊，晾干熨平后待用。将斜布条的两边毛边分别卷到内侧，如果是薄料，可以衬绒线，使其圆润饱满。用本色线将布条两边搭接并用斜扎针绕缝起来，注意适当拉紧斜布条，缝制成筒状的纽条。将完成后的纽条的

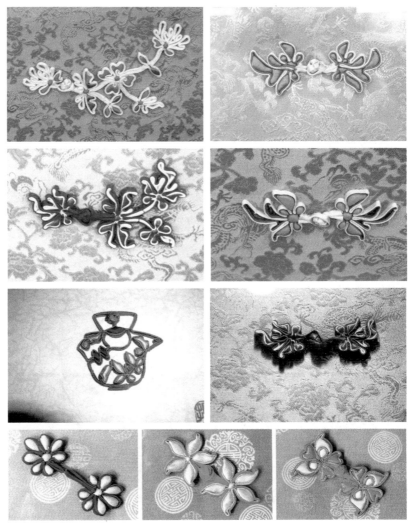

填芯花扣

硬花扣

一头固定,用一块滑爽的面料紧紧包住来回移动,使纽条顺畅,无伸缩性。

**2. 蜻蜓头的盘制**

以纽条一端为起点开始盘制,为使纽头盘得更坚硬、匀称,可用镊子协助逐步盘紧,同时应注意尽量将绕缝盘在里面。

**3. 葡萄头的盘制**

以纽头为起点开始盘制,盘制过程中要在纽条的中心孔穿一根细绳,成形后为纽头鼓出的中心点。为使纽头盘得更坚硬、匀称,可用镊子协助逐步盘紧,同时应注意尽量将绕缝盘在里面。

**4. 琵琶扣的盘制**

琵琶扣的大小及绕线的圈数可根据需要确定,具体的制作方法是用一根纽条盘制:盘制时注意纽条要松紧适度,完成后将纽条的两端引向背面,并将多余的纽条剪去,用手缝针缲牢固定,防止走样变形。

**5. 蝴蝶扣的盘制**

将一侧的纽条折出两个套弯,用手缝针在反面将两个套弯的中间与纽条缲缝固定,然后将余下的纽条卷盘成盘圈,并用手缝针将反面缲缝固定在两个套弯的中间。由于蝴蝶扣是上下对称的,所以要从纽条的中间开始盘制纽头和纽襻。

振兴祥的盘饰盘制手法多样,形象逼真,栩栩如生。盘扣看似

盘扣精品

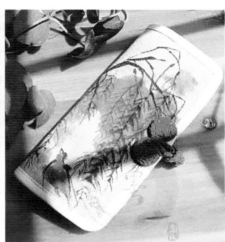

盘扣钱包

盘扣抱枕

简单，制作起来难度极大，盘制过程中不能拼接、不能重叠，必须大小合宜、比例适当，不能有半点疏忽，一步出错就前功尽弃，只能从头再来。从寻常图案到创意盘扣，别出心裁的设计和灵活娴熟的手法缺一不可。目前国内能熟练制作中式盘扣的人如凤毛麟角，而振兴祥传承人之一蒋明不仅完全继承了制作盘扣的传统技艺，在此基础上还多有创新，丰富了盘扣的技法和种类。

盘扣请柬

盘扣手机套、电脑包

　　另外，振兴祥中式服装制作技艺中还有钉扣工艺和刺绣工艺。钉扣就是根据需要把扣纽、配饰等钉在服装的不同部位。振兴祥钉扣采用暗针手法，除直扣能见到线饰和采用勾针装饰的珠点外，看不到一点针头线脚，外观浑然天成。振兴祥的绣，分为手绣、机绣和手推绣几类，手绣大多采用四大名绣之一的苏绣，一般用在高档次的旗袍上。

# 四、振兴祥中式服装制作技艺的特色与价值

振兴祥中式服装制作技艺崇尚环保、舒适、典雅、时尚，其制品具有选料考究、款式多样、缝制精细、形美色艳等特点，承载着多重价值。

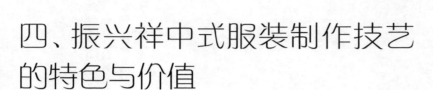
# 四、振兴祥中式服装制作技艺的特色与价值

## [壹]工艺特色

振兴祥中式服装制作技艺崇尚环保、舒适、典雅、时尚,特点十分鲜明,其制品具有选料考究、款式多样、缝制精细、形美色艳、休闲舒适、彰显文化等特点。

### 一、选料考究

振兴祥中式服装的面料全部选用"丝绸之府"杭州本地所产的高档织锦缎或丝绸。杭州丝绸质地轻盈,色彩绮丽,光泽优雅,是制作旗袍等中式服装的最佳面料。振兴祥的面料以纯天然纤维织成的真丝绸缎为主,根据需要选择一些棉、麻、毛料等,基本可分为以下两大类:

一是真丝类,即桑蚕丝,具有养肤、透气、吸湿等优点,穿在身上极其爽滑舒适。振兴祥选择的真丝面料都是同类面料中姆米最高的重磅真丝面料,垂性好,抗皱性能强,虽然成本高一些,却能保证服装的品质。

二是真丝和人造丝交织的提花缎类面料，以中国传统文化中代表吉祥如意、富贵纳福的动植物题材为纹样，采用多种色彩织就，艳丽、高雅、华贵，是中华民族具有代表性的传统面料。

真丝面料

真丝和人造丝交织面料

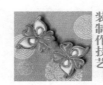
## 二、款式多样

振兴祥中式服装品种齐全，款式繁多，男装、女装、童装一应俱全。有适合不同场合的服装，包括出席各种活动的长衫马褂、唐装、中山装、旗袍、中式套装等礼服，旗袍、凤仙装、中式套装等婚庆喜服，日常穿着的中式上衣、中式裤子和裙子等常服，居家穿着的晨衣、浴衣、睡衣和休闲服等，锻炼时的功夫服乃至殡葬用的寿衣等。从形制上分，有上下连身的旗袍、长衫等，有上衣下裤的男女套装，还有上衣下裙的女式套装、背心、披肩、肚兜等等。从季节上分，各种款式又分别有单的、夹的、内衬棉的以及内衬皮毛的。

振兴祥系列服装都具有立领、大襟、一字扣（花扣）、连肩连袖等鲜明的民族特征。从细节上讲，有裁剪的变化、领子的变化、袖子

织锦缎儿童套装　　　　　　　金玉缎儿童套装　　　　　真丝双宫绸瓦片袖中式女上衣

的变化、门襟的变化、内贴的变化、花扣的变化以及不同配色的镶、嵌、绲、宕、盘、钉、勾、绣等等，可以根据客人的需求进行个性化定制。

随着时代的发展以及中外服装文化的交流，振兴祥也生产一些符合现代审美观的改良旗袍。所谓改良，就是在传统的款式上做出一些小改动，穿起来更方便时尚。常见的改良方式有：

时尚新款织锦缎旗袍

将旗袍立领变成一字领、V领，或在立领下直接开出一个或多个水滴形、菱形的小孔，令佩戴的坠饰若隐若现，增添了美感；将旗袍下摆改成飘逸的宽下摆或不对称燕尾；将原本装饰在领口、斜襟的盘扣改钉在肩头或身侧等，并饰以珍珠、珠片、水钻、绣花、蕾丝等，高贵又不失妩媚；款式上以窄腰、圆肩、低领为主要造型，左右开衩35至40厘米，线条流畅，风度迷人，充分显示女性魅力。还有的把中式套装的下裙改为A字裙，或是把裙摆扩大，而上身则保留中式上衣的领、肩、袖、盘扣等要素，上下两件的搭配可以很好地修饰体形，彰显曼妙身材。

振兴祥老西湖十景

ZHENXINGXIANG

振兴祥

三潭印月

雙峰插雲

南屏晚鐘

平湖秋月

曲院風荷

素绉缎手绘老西湖十景

### 三、缝制精细

　　振兴祥中式服装制作技艺秉承"量身定制、精工细作"的宗旨,以传统技艺手工制作,标准是舒适合体、造型优美、经典大方、环保透气,把传统技艺和现代服饰文化有机地结合起来,制作适合

现代人的高端时尚服装。制作过程中的每一道工序都有严格的标准，尺寸的收放、曲线的圆润、线条的平服、缝制针法、针迹密度、纱线走向、整熨工艺等都有具体的要求。

振兴祥从选料到制作都一丝不苟，光是缝制环节的主要工艺

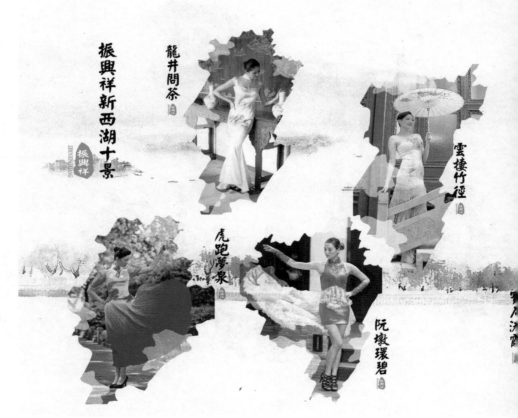

振兴祥新西湖十景

龍井問茶

雲樓竹徑

虎跑夢泉

阮墩環碧

素绉缎手绘新西湖十景

就有镶、嵌、绲、宕、盘、钉、勾、绣等八种之多，全靠手工完成。这种
方式费时费力，却是振兴祥服装高品质的保证，充分展现出中国传
统制衣技能的高超水平。

吴山天風

黄龍吐翠

滿隴桂雨

玉皇飛雲

九溪煙樹

## 四、形美色艳

服装可以说是人们日常交往中的第一张名片，素不相识的人第一

次见面，往往从对方的衣着判断其身份，而且第一印象会对后面的交

宽镶边

嵌线

绲边"三镶一嵌"

花边

往产生很大的影响。穿着一套舒适高雅的服装，也会令人增强自信。

振兴祥非常重视服装的整体形象。首先是设计造型，一套好的服装能够让穿着者倍感精神，形体曲线优美。其次是面料的选择，振兴祥选用的都是重磅高端的面料，垂性好，不易起皱，不用每次穿着都事先整熨。色彩大都选择经典的色调，十几年不会过时。过去人们爱在旗袍的领口、袖口、掖襟和下摆镶上数条色彩鲜艳的镶条、宕条，认为镶条越多越美，现在振兴祥制作的旗袍仍保有镶、嵌、绲、宕、盘、钉、勾、绣等工艺，但崇尚简练，达到效果即可。

## 五、休闲舒适

振兴祥服装非常重视在美观的同时保证穿着舒适。比如旗袍，为了显示女性的曲线美，需要做得很贴身，往往会造成紧身而行动不便；而振兴祥积累了上百年的

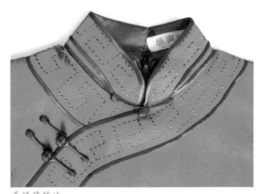

手绣装饰边

制作经验，制版时该紧的紧，该松的松，恰到好处，不但能把身材曲线显示出来，行动也不受束缚，起坐舒适。因此，振兴祥的回头客很多。

男真丝中式短袖上衣

蓝印花布丝棉袄

粉色系列奥运礼服

振兴祥选用的面料以天然环保的丝绸为主，能保证穿着舒适透气，而普通化纤类服装则不透气。振兴祥还专门制作一些宽松的中式休闲装，没有西服那样的束缚感，居家服更是舒适随意。

**六、彰显文化**

振兴祥的产品充分展示了中华民族的特色和东方服饰文化的魅力。中国是礼仪之邦、衣冠之国，服饰文化博大精深，近代出现的旗袍更有"永不过时的中国时装"的美誉。旗袍是一种内外和谐统一的典型民族服装，振兴祥制作的旗袍，工艺精细，款式合体，以流动的旋律、潇洒的画意与浓郁的诗情，表现出中华女性内敛、贤淑、典雅、温柔、清丽、高贵的性情与气质。

## [贰]多元价值

### 一、重要的服装史研究价值

中式服装在不同历史时期有不同的风格流派，不同时期的服装能反映出不同时期的社会经济状况、人民生活水平、生活习惯和民族喜好等。振兴祥中式服装制作技艺原汁原味地再现了传统服装的种类和款式，对考察历史变迁、时代更迭、民族融合、习俗演变和审美观念的改变等都具有不可低估的研究价值。

以旗袍为例，旗袍原指"旗人之袍"，在满文中称为"衣介"。传统满族长袍的特点是圆领、右大襟和纽扣，窄袖，袖子末端平时挽起，需要暖手和行礼时掸下，称"马蹄袖"。男装系腰带，下摆前后左右开衩以便于骑射，上身在长袍外穿有马褂。

清末旗袍是直筒式的宽袖长袍样式，衣身宽大，线条平直，衣长至脚踝。元宝领，领高及耳，袍身上多绣有各色花纹，领、袖、襟、裾都有多重绲边，有的甚至整件衣服全用花边镶绲，装饰十分烦琐。

振兴祥近代所制旗袍与清末旗袍主要差别有三点。其一，清末旗袍宽大平直，连肩连袖，不显露体形；振兴祥旗袍剖肩缝，采用装袖，开省收腰，表现女性曲线。其二，清末旗袍内着长裤，在开衩处可见绣花的裤脚；振兴祥旗袍内着丝袜，开衩处可露腿。其三，清末旗袍面料以厚重织锦或其他提花织物居多，装饰烦琐；振兴祥旗袍面料较为轻薄，以印花织物居多，装饰也较简约。正是从这三点差别，可见旗袍发生了质的变化，传统旗袍变成了可与西方裙服相媲美的新品种。

旗袍由满族旗人的长袍演变而来，然而旗袍上最显著的特征——连肩连袖、中国领、右大襟、布纽以及传统的吉祥图案，都传承于中华民族几千年的服饰文化。因此，从旗袍的初始状态到如今的时装旗袍，其发展演变过程为中式服装史研究提供了重要的实证依据。

## 二、服装制作技艺的传承价值

振兴祥中式服装制作技艺是目前国内唯一全面保留下来的传统服装手工制作技艺,有一整套自成体系的裁剪方法、缝制技术、制作规范。振兴祥制作技艺包括镶、嵌、绲、宕、盘、钉、勾、绣等十分独特的传统技艺,制作工具如粉线袋、水线等也不多见。中式服装并非一成不变,其面料和款式具有时代性和地域性,制作方法也在不断充实改进,因此,振兴祥中式服装制作技艺是中国传统制衣技艺发展史中的一笔宝贵财富。

## 三、独特的审美价值

爱美之心,人皆有之,早在刀耕火种时期,人们就已经开始用小饰件来打扮自己。人们对于服装也有一定的审美标准,这个标准要符合某一时期的社会环境和思想意识,且随着社会的进步不断发展,展现那一时代的文化风貌。

旗袍是中国近代服装史上一颗耀眼的明星,是传统服装文化的杰出代表,它不仅在整体造型上符合中国艺术平静、和谐的风格,还将极具东方特质的装饰手法融入其中。旗袍的独特魅力在于其所承载的文化内涵。它内敛、含蓄、温柔,却处处显示出东方女性高贵、华丽、飘逸的气质;它不张扬,却能于无声处透出风情;它不暴露,却自有一种掩饰不住的魅力。流传至今,旗袍不但在款式上创新,在制作工艺上也有所创新,将东方女性之美表现得淋漓尽致。

## 四、较高的经济价值

中式服装具有极为广阔的市场。香港回归之时,曾在国内外掀起一股旗袍热,而随着中国经济的不断发展,中国的服装文化必将引起更多的关注。现在旗袍热度不断上升,振兴祥的新式旗袍深受时尚女性的青睐,但囿于手工制作的特点,产量无法满足市场需求,如有更多的人掌握振兴祥中式服装制作技艺,则将获得更好的市场回报。

## 五、民族认同的文化价值

中式服装作为中国几千年服装文化的结晶,是向世界宣传和弘扬中华民族优秀传统文化最直观、最有价值的载体之一。从香港回归开始,不少外国友人在各种场合穿起了中式服装。

很多定居海外的侨胞在中国的传统节日里穿上中式服装,他们用服装告诉人们:我是中国人,我思念我的祖国。改革开放初期,香港李嘉诚先生等人来内地投资,在不少场合都穿着中国的传统长衫,他们用服装告诉人们:我是中国人,我爱我的祖国。2010年,振兴祥中式服装参加了浙江省老字号企业台湾展,当台湾观众看到展出的中式服装时,第一句话就是:"这是我们自己的服装。"由此看来,中式服装对于增进中华儿女的民族认同感、增强民族凝聚力、促进民族团结和社会稳定具有直接而有效的作用,是民族大团结和民俗文化交流的重要载体。

# 五、振兴祥中式服装制作技艺的传承与保护

从清末至今，振兴祥中式服装制作技艺的传承脉络十分清晰。它是目前国内保留最完整的中式服装制作技艺，但在现代服装业的冲击和现代审美趋势的影响下，失传的可能性依然存在，因此传承和保护工作任重道远。

# 五、振兴祥中式服装制作技艺的传承与保护

## [壹] 传承谱系与代表性传承人

旧时代，裁缝师傅在民间手工行业里是个相对较好的职业，有技术，不必遭受风吹雨打，因此不是想学就能学的，要有比较好的个人条件。

振兴祥的收徒是很慎重的，要由年轻人的父母请德高望重的前辈出面，请师傅收徒，师傅对此人进行考察后认为将来会有出息，才肯应允，方可行拜师收徒仪式。拜师时，父母及前辈都需在场，徒弟搬来太师椅请师傅上坐，前辈们坐在两厢，徒弟在下面跪下磕三个头，叫师傅。师傅及长辈还要训诫几句，还要送上四个礼包——当时叫"蜡烛包"——内包糖果、糕点及土产。徒弟称呼师傅是不能带姓氏的，需"三年学徒、四年半作"后方可正式出师。

振兴祥的师傅对徒弟的要求很严格，做什么都要中规中矩，生活上不能有丝毫马虎。正因如此，振兴祥的技艺才会世代相传、不断提高。如今虽然形式已有简化，但慎重、严格是一以贯之的。

### 一、传承谱系

自清末至今，振兴祥中式服装制作技艺主要以师傅带徒弟的形式传承，传承脉络十分清晰。

**第一代传人：金德富**（生年不详，卒于民国年间），男，籍贯不详。清代名师，1897年在杭州湖墅宝庆桥新码头创立金德富成衣铺。

**第二代传人：翁泰校**（1900—1978），小名翁小和，男，浙江诸暨安平乡翁家埠人。幼时读过几年私塾，后因家庭困难而辍学。十六岁时，经人引荐在杭州金德富成衣铺学杭帮裁缝。学成以后，先后在杭州东街路许光荣成衣铺、葵巷毛钜勋成衣铺、里堂巷徐森茂成衣铺、青年路王法纪成衣铺做工，取各家之长，逐渐形成一整套独特的中式服装制作手工技艺。1932年，他在杭州市吴山路27号自立门户，开设振兴祥成衣铺，裁剪缝制旗袍、长衫、马褂等中式服装。由于技艺精湛独到，生意十分红火，名声响亮，远近皆知。

抗日战争结束后，国内局面逐渐稳定，旗袍需求量大增。由于振兴祥的做工好、款式全，不少达官贵人上门定做，生意火爆，全店人员从早到晚赶工还来不及，常邀请同行前来帮忙。

二十世纪五十年代初，国家实行工商业社会主义改造。1956年公私合营，根据赎买政策，振兴祥成衣铺与其他十余家成衣铺合并，组建成立杭州利民中式服装供销生产合作社。翁泰校作为合作社的一员，制作服装的同时还进行技术指导，传授技艺。1965年起，他因年迈多病，渐渐退出第一线，1978年11月病故。

组建成杭州利民中式服装供销生产合作社的十余家成衣铺，每家都是师傅带徒弟一代一代传承下来的，都有悠久的技艺传承历史。杭州利民中式服装厂聚集了杭州市上城区的绝大多数中式服装制作业的精英，融各家之长，因此中式服装制作技艺既全面又高超。

**第三代传人：陈炳祥**（1915—2007），男，浙江天台人。1956年加入利民中式服装供销生产合作社，是合作社的首任主任。他不仅有着几十年中式服装制作的深厚功力，更擅长"一眼准"的量身绝技，溜肩、肉背等身材缺陷都能通过技法来化解协调。他一身正气，以身作则，热爱企业，工作勤勉，退休之后还给企业带徒弟，是一位受人尊敬的德艺双馨的老前辈。

**第三代传人：蒋桂福**（1917—1997），男，浙江绍兴人。天资聪颖，勤奋好学，几十年的从业经验使他的技艺炉火纯青。他做的中装，无论是一镶一嵌还是宽镶、包边，在纯手工操作的情况下都能做到不起裂、不起泡、平服不起翘，匀称条直，配色得当，成衣后造型美观，有棱有角，舒展大方。在对花对团、45°角、如意头等传统技法中，蒋桂福都有自己独到的发挥和展开，尤其是在花扣制作上，他刻苦钻研，开创独门绝活，在软花扣的基础上，创造性地添加铜丝漆包线，增加花扣的定型强度。他设计了菊花扣、蝴蝶扣、桃子扣、凤尾扣等数十种具有浓郁民族风情的象形花扣，为服装锦上添花，在同行中赢得了"花扣大王"的美誉。他的0.8厘米宕条镶嵌技法在北京奥运会颁奖礼服上得到应用，为国家和企业争了光。蒋桂福设计的产品投入批量生产后，往往能在同类产品中占据领先地位，创造了较好的效益，打开市场，赢得客户的满意。他还结合中西式制作方法，开创性地设计了中西式装袖服装，产品风行于市，供不应求。更难能可贵的是，蒋桂福还积极地"传、帮、带"，把技艺留给了企业和后人。

**第四代传人：王兰英**（1928—2007），女，浙江杭州人。1950年1月参加工作，1963年起担任杭州利民中式服装生产合作社社长，1971年起担任杭州利民中式服装厂厂长，至1984年1月退休。王兰英在担任厂长的二十多年中，善于管理、廉洁奉公、无私奉献，为企业做出了较大贡献。

**第五代传人：童金感**（1950—    ），男，浙江杭州人。1966年9月参加工作，1984年7月担任杭州利民中式服装厂厂长。童金感懂管理，会经营，在他的领导下，利民取得长足发展。

**第五代传人：蒋明**（1957—    ），女，浙江绍兴人，蒋桂福之女。在父亲的言传身教下，她从小就喜欢中式服装及盘花扣技艺。1978年5月，她顶替父亲职位进入杭州利民中式服装厂，师承陈炳祥学习中式服装制作技艺。由于具有一定的文化程度，特别是具有很强的领悟能力及动手能力，她很快掌握了振兴祥制作技艺的关键，碰到问题即能根据原理融会贯通，从而解决问题。她于1998年9月编著出版的《东方旗袍》和2001年3月编著出版的《花样年华——东方旗袍》这几本书，深受广大中式服装爱好者的喜爱。

## 二、代表性传承人

**包文其**（1951— ），男，浙江东阳人，大专文化，杭州利民中式服装厂技术负责人，从事丝绸和中式服装制作四十多年。2000年，他被杭州市政府授予"杭州市劳动模范"称号；2009年9月，他被认定为浙江省第三批省级非物质文化遗产项目代表性传承人。2012年，他被认定为第四批国家级非物质文化遗产项目代表性传承人。包文其掌握了振兴祥中式服装制作技艺的整套关键技术及其原理。

二十世纪七十年代至八十年代中期，包文其在杭州天水丝织厂通过不断学习，熟练掌握了丝绸和服装生产的各道工序及生产关键，特别对丝绸面料的组织、染色及面料在服装生产中的物理性能等有比较深入的了解。八十年代中期至九十年代初期，他先后在杭州市丝绸工业公司、杭州幸福丝织厂等单位从事丝绸和服装生产的技术工作，刻苦钻研并虚心向老师傅请教，熟练掌握了服装生产的各道工序及技术关键，善于解决服装生产中的各种技术问题。

国家级传承人包文其

　　二十世纪九十年代初期至今,包文其在杭州利民中式服装厂主持中式服装的生产及技术管理工作,不断在实践中学习,向上一辈传人及掌握各项专门技能的老师傅学习,拜他们为师,将振兴祥中式服装制作技艺进行整理、归类、补缺,解决了实际生产中多个技术问题,并利用现代服装生产技术进行新技术的开发,不断培养专门技艺的技术人员,保证了振兴祥中式服装制作技艺能完整地保留下来并用于企业实际生产。

　　由于对振兴祥中式服装制作技艺烂熟于心、融会贯通,包文其总是能够解决生产中遇到的实际困难。有一次,美国客户提出了按中国人体型制作的旗袍臀位部分对他们而言不合身的问题。技术部门一筹莫展,包文其看了以后,把臀位侧线中间的曲线弧度减小,把腰两侧的褶位加大并改变褶的弧度,马上就解决了这个问题。裁剪中因面料需对花，要一片一片对裁，费时又费料，包文其让员工先在面料上排好位置，然后批量地先裁一片净片、一片毛片，再将毛片根据净片修正，既加快了工时，又节省了用料。几次下来，他已是大家心目中的技术权威。

包文其非常重视中式服装制作技艺的传承和发展工作，为了使这一技艺得到完整的保留和发展，他做了很多工作。一是成立以技师为核心的振兴祥中式服装制作技艺保护工作领导小组，建立完善的保护工作机制，责任清楚、分工明确，从组织上和制度上保证了传承工作。二是寻访老工匠，开展老艺人的绝技调查，整理健康档案，关心老艺人的生活，延长老艺人的艺术生命。三是搜集老服装、老工具、老资料，梳理振兴祥制作技艺的发展脉络，做好易于失传的绝技的传承工作，凡较难掌握的技艺都培养了专门的操作人员及后备人员。四是举办中式服装技艺研究会，探讨研究老艺人的绝技，恢复个别濒临失传的制作工艺，保证其传承及发展提高，并用于实际生产。现在振兴祥中式服装制作技艺已得到全面、完整的传承和保留，是目前国内中式服装制作技艺及文化保留最全面的、业界公认的权威企业。五是通过展览会、各种形式的服装表演、出版专门书籍等途径来宣传振兴祥中式服装制作技艺，同时筹备建立振兴祥中式服装制作技艺展示馆。六是积极申报各级中华老字号。近年来振兴祥中式服装制作技艺已得到人们的重视，入选杭州市和浙江省老字号企业，正在申报国家级中华老字号。

由于长期从事服装制作工作，熟练掌握中式服装制作的各种技艺手法且深谙其中原理，包文其对款式构思、量度尺寸、选用面料、裁剪、缝制、钉扣、整熨等工艺都有较深入的研究，并能大胆进行改进。他主持和指导全体技术人员积极尝试，摸索中式服装时装化的新路，开发了多个系列产品，产品远销日本、美国、英国、德国、法国、意大利、新加坡等国家及港澳台地区，使濒临倒闭的企业获得了新生，向世界各国宣传了中国的服装文化。

包文其还非常重视年轻一代的技艺传承工作，专门落实了振兴祥中式服装制作技艺的培育发展机制，积极开展各种形式的技术练

杭州利民中式服装厂股份合作制成立大会

兵和技术比武，鼓励年轻人在掌握技艺的基础上不断设计创新。通过"传、帮、带"的形式，先后培养了蒋明、王雅娟、赵晓勤、陈岚等年轻一代技艺高手，他们在设计、生产制作等各个岗位起到了关键的作用。

## [贰]存续状况

振兴祥中式服装制作技艺是目前国内保留最全面的中式服装制作技艺，如不切实加以保护，失传或部分失传的可能性极大。为进一步加强保护，责任单位进行了全面的摸查，目前其存续状况大致如下。

### 一、现代服装业的冲击——传统中式服装业陷入困境

民国时期至改革开放之前，中式礼服、中山装等是杭州人最典型的生活着装，虽然几度更替变化，但中式服装的基调始终没有改变。从成衣铺加工到合作社生产，大多还是脱胎于传统农业社会自给自足的半工业化加工生产模式，因此，服装所呈现的民族特色十分浓郁。

改革开放后，杭州作为东南沿海发达城市，成为市场经济发展的最前沿，新技术在第一时间渗透到社会经济生活之中，现代纺织技术和服装技术被全面地推广使用。现代纺织和服装技术极大地冲击了杭州的中式服装制造业，化纤面料代替丝绸、棉布等天然面料，机器制衣代替手工成衣，生产出一大批耐穿、便宜、美观的现代

服装。这些带着西方文化印迹的服装很快涌入杭州平常百姓家，传统的中式服装逐渐淡出人们的视野。

近年来，随着上游原料价格以及人员工资等的大幅上涨，中式服装的制作成本也不断攀升，利润空间受到进一步挤压。目前市场上高质量的丝绸和织锦缎越来越少，市场环境日趋恶化，中式服装企业的发展速度不仅滞后于同等规模的其他服装厂家，甚至连维持正常的经营生产也非易事。此种局面若不改观，中式服装势必很快从市场上消失，振兴祥中式服装制作技艺也将成为绝响。

**二、现代传承制度的影响——传承问题十分突出**

随着中式服装的边缘化，振兴祥中式服装制作技艺的传承问题也日益突显。成衣铺和传统加工企业是徒弟学习制衣技艺的重要场所，手工技艺是徒弟向师傅学习的重要内容，但杭州的现代青年人与全国其他城市一样，更多地选择接受全日制的文化知识教育、从事现代行业，很少有人愿意学习中式服装制作技艺。

振兴祥中式服装制作技艺是一门纯手工技艺，环节众多，工艺繁复，对学徒个人的领悟力、心手协调性和细致程度的要求都很高，能完全掌握此技艺的历代传人，总数不过十余名。且完成一件成衣，至少需花费三至五天，费时费工且收入不高，令很多年轻人望而生畏。近年来，制衣师傅年事渐高，体弱多病，服装产量很难大幅度提升，一般的消费者又很少购买，导致产销双冷、经营困难，振兴祥制作技艺的传承局面更加窘迫。二十世纪九十年代至二十一世纪初，杭州利民中式服装厂培养多年的学徒大量离职，中式服装制作技艺后继乏人的情况十分严重。

### 三、现代审美趋向的影响——传统中式服装遇冷

由于现代社会的进步和现代生活方式的改变，人们的审美取向发生了翻天覆地的变化，从追求含蓄、典雅、精致转向崇尚时尚、奔放、个性化。中国传统服装自古以来就被打上了鲜明的政治烙印，以色彩、纹样、工艺、款式等区分穿着者的社会等级，人成为服装的附属品。在现代语境中，传统中式服装与当今审美理念格格不入，也就失去了市场，陷入前所未有的困境。

## [叁]保护措施

保护振兴祥中式服装制作技艺不单是保护一种即将失传的传统技艺，更是保护内涵深厚、极具民族特色的中国服装文化。作为承担振兴祥中式服装制作技艺保护任务的杭州利民中式服装厂，以保护祖国优秀传统文化为己任，不断推进保护工作，取得了可喜的进展。目前成立了以振兴祥技师为核心的保护工作领导小组，建立完善振兴祥技艺保护工作机制，做到责任清楚、分工明确、运行规范、考核严格。

### 一、做好振兴祥中式服装制作技艺资料的搜集与整理工作

在前期大规模非遗资源普查的基础上，做好振兴祥中式服装

制作技艺的调查和研究工作。通过寻访老工匠，搜集老服装、老工具、老资料，梳理振兴祥技艺发展脉络，建立信息资料档案库，出版振兴祥中式服装制作技艺的专著和培训教材。筹备建立振兴祥中式服装展示馆，搜集振兴祥历年精品佳作并进行整理登记，充实展品内容，更好地展示振兴祥的历史和发展脉络。

加强对绝技绝艺和实物资料的抢救整理保护。重点把振兴祥的款式构思、量度尺寸、选用面料、裁剪、缝制、钉扣、整熨工艺流程和镶、嵌、绲、宕、盘、钉、勾、绣等八种独特的手工技艺完整保留下来，尤其要把盘扣的绝活传承发扬光大。

## 二、正确对待传统中式服装文化的保护与发展

传统服装要在新时代谋求发展，就必须注重文化内涵的表达，提升传统服装的附加值。中国传统艺术如国画、京剧、剪纸等，都是设计灵感的来源。把握传统文化的精髓，才能在新时代背景下推广传统服装，扩大传统服装文化的影响力。

从传统服装中婚庆礼服所占比例最大而其他品种所占比例相对较小来看，大部分消费者对中式礼服较为认可，这也从一个侧面反映出传统服装的实用性和功能性不足。要以提供顾客日常能穿的舒适服装为宗旨，把东西方的设计理念、把传统与时尚有机结合。

数据表明，仅有2.5%的消费者对目前市场上中国传统服装的时尚感予以肯定，10.9%的消费者认为传统服装品牌具有创新性，这

也是传统服装销售情况不理想的很大原因,要想重塑传统服装在消费者心目中的形象,就要强化设计开发能力,对传统服装进行再创造。

### 三、在保护传统的基础上拓宽发展视野

款式造型、装饰手法、服装面料是中式服装有别于西式服装的三个主要特征。如果把西方款式、现代装饰、现代面料中的任何一项使用到中式服装中去,都会使服装具有中西结合的特色,应用得越多,服装西化的特色越鲜明。

| 款式造型 | 中式服装造型 | | | | 西式服装造型 | | | |
|---|---|---|---|---|---|---|---|---|
| 装饰手法 | 中国传统装饰手法 | | 现代装饰手法 | | 中国传统装饰手法 | | 现代装饰手法 | |
| 服装面料 | 传统面料 | 现代面料 | 传统面料 | 现代面料 | 传统面料 | 现代面料 | 传统面料 | 现代面料 |
| 模式 | 1 | 2 | 3 | 4 | 5 | 6 | 7 | 8 |

在上表中,模式1是采用中式造型、传统装饰手法、传统面料进行服装设计,模式2采用中式造型、传统装饰手法、现代面料进行服装设计,以此类推其他几种设计模式的含义,每种模式又可根据中式元素使用程度和手法的不同细分为多种类型。因此,中式服装的发展可以形成一个谱系,设计师完全可以转换设计视角,参照各种模式进行产品设计与开发。

中式服装除旗袍、唐装外,还有袍、袄、衫、裤、裙等,服装研究者和服装设计师应该在继承传统的基础上,开发出能满足现代人

穿着需要的各类中式服装产品，如礼服、常服、休闲服、居家服等。只有种类齐全了，产品丰富了，中式服装才能满足各种消费需求，真正得到发展和壮大。

**四、培养振兴祥中式服装制作技艺传承人**

在中式服装制作技艺日渐式微、生存困难的境况下，培养传承人至关重要。可以通过政府牵线，在杭州的相关职业技术学校中培养一批年轻的中式服装制作技艺传承人，毕业工作去向即为利民中式服装厂。通过帮教、技术练兵等手段，培养新一代能全面掌握振兴祥中式服装制作技艺的年轻人，确保传承人队伍的发展壮大。

## [肆]展示交流

**一、展示展演**

杭州利民中式服装厂非常重视对振兴祥中式服装制作技艺和中国服装文化的宣传。各种形式的展示和现场表演，让观众感受到了中华民族服装文化的无穷魅力。

从2000年起，积极参加历年的中国国际丝绸博览会暨中国国际女装展览会，2000年设计的真丝手绘中式改良旗袍获得中国国际丝绸博览会金奖。

2008年11月，参加第五届中国中华老字号精品博览会。

2009年9月，参加第六届中国中华老字号精品博览会。

2010年4月，参加中国义乌文化产品交易博览会。

2010年9月，参加第七届中国中华老字号精品博览会。

2010年10月，参加杭州市政府组织的生活品质展。

2010年11月，参加杭州市政府组织的十大特色潜力行业展。

2011年3月—4月，参加浙江省商务厅组织的北京浙江名品展，并进行了手工制作花扣的技艺表演。

2011年9月，参加第八届中国中华老字号精品博览会。

2011年11月，参加杭州市政府组织的十大特色潜力行业展。

2012年3月，参加浙江省商务厅组织的北京浙江老字号名品展。

2012年4月29日—5月2日，参加中国（浙江）非物质文化遗产博览会，并现场进行手工制作花扣的技艺表演。

2012年6月22日—24日，参加2012运河庙会（非遗集市），并现场进行手工制作花扣的技艺表演。

2012年9月，参加第九届中国中华老字号精品博览会。

2013年9月，参加第十届中国中华老字号精品博览会。

2013年10月17日—20日，参加首届亚太传统手工艺博览会，并现场进行服装和花扣手工制作技艺的表演和交流。

2013年10月22日—24日，参加"春华秋实——杭州市传统手工技艺展"，并现场进行手工制作花扣的技艺表演。

2014年4月27日—30日，参加第九届中国（义乌）文化产品交易会，并现场进行服装和花扣手工制作技艺的表演和交流。

2014年9月26日—29日，参加第十一届中华老字号精品博览会。

2014年10月11日—13日，参加中国国际丝绸博览会。

2014年10月16日—20日，参加第六届中国（浙江）非物质文化遗产博览会和2014中国杭州文化创意产业博览会、第二届两岸文创产业交流对接会。

2015年4月27日—30日，参加第十届中国（义乌）文化产品交易会。

2015年9月30日—10月3日，参加第十二届中华老字号精品博览会。

2015年10月15日—19日，参加第七届中国（浙江）非物质文化遗产博览会。

2016年4月27日—30日，参加第十一届中国（义乌）文化产品交易会。

**二、开展文化交流**

文化交流是振兴祥提升知名度和打开市场的一个重要举措。杭州利民中式服装厂对此尤为重视。近年来开展的主要活动情况如下。

1992年，中央电视台在香港举办中国历代旗袍表演展，八十六套代表性旗袍及其配饰全部由利民负责制作，在香港引起轰动。

1997年，杭州利民中式服装厂代表中国服饰参与电视片《中日

韩三国服饰文化交流》的拍摄，把中华民族博大精深、光辉灿烂的
服饰文化展现在世界荧屏上。

2009年4月，赴台湾参加浙江中华老字号台湾展，台湾同胞说

服装展示

"这是我们自己的服装",服装拉近了两岸人民的距离。

2009年9月24日—10月5日,参加由中国民间文艺家协会组织的北京"缤纷中国——中国民族民间服饰文化暨中国民间文化遗产抢救工程成果展",文化月刊作了"为了中华儿女的尊'颜'"的专题报道。

2010年1月,参加在澳门举办的浙江中华老字号暨浙澳名优商品展销会,现场进行手工制作花扣的技艺表演。

2010年10月,在金富春庆典上进行旗袍嫁衣表演。

2011年12月,参加在杭州鼓楼举办的杭州市上城区非物质文化遗产保护和利用成果展,现场进行手工制作花扣的技艺表演。

2012年3月,参加由中国丝绸博物馆组织、在北京妇女儿童博物馆举行的百年旗袍展。

2012年6月7日—10日,参加杭州市非遗中心在浙江省自然博物馆举办的传统手工技艺展。

2012年6月23日,设计师陈岚在中国丝绸博物馆进行手工花扣制作讲座,并现场进行手工制作花扣的技艺表演和指导。

2012年9月18日,参加在杭州白堤举行的"爱在西湖秀丝绸"活动。模特们穿着二十套新老西湖十景旗袍进行展示,在网络上引起轰动。

2012年9月22日,参加在杭州北部软件园举行的中华嫁衣大赛,新老西湖十景旗袍进行了走秀。

2012年10月12日，参加中国杭州美丽产业旅游文化节，在鼓楼举行旗袍秀，并现场进行手工制作花扣技艺表演。

2012年10月29日，在杭州电视台的"喜迎十八大"晚会上表演旗袍秀。

2012年12月10日，在杭州服装协会年会上表演旗袍秀。

2013年5月22日—24日，在波兰波兹南参加东欧（波兰）中国纺织产业博览会。中华人民共和国驻波兰大使徐坚先生、杭州市副市长佟桂莉女士、波兰波兹南市副市长米罗斯瓦夫·克鲁辛斯基先生参观视察了本厂展位。

2013年10月2日—14日，赴美国布莱恩特大学参加"礼尚纹彩丝上文章——五千年的中国丝绸文化"展。本厂为展会特制的十六套旗袍和唐装由多国学生穿着进行走秀表演，展示了中华民族的服装文化。

2013年12月10日，新老西湖十景旗袍在杭派女装年会上进行走秀。

2013年12月—2014年1月，参加国家图书馆举办的中国记忆项目——蚕丝织绣展览。

2014年1月9日，新老西湖十景旗袍在兴业银行年会上走秀。

2014年3月15日，新老西湖十景旗袍在吴山广场浙江省民间美术家协会活动上进行走秀。

2014年7月19日，浙江美术馆设置"中国风：传统生活中的传承——盘扣工作坊"，本厂设计师进行了手工制作花扣的技艺表演，并现场传授花扣制作技艺。

2014年10月18日—11月3日，参加中国杭州琴棋书画用品展销会。

2014年12月17日—21日，参加第一届中国国际传统工艺技术研讨会暨博览会名人名品展。

2015年6月10日—19日，参加杭州市上城区文化遗产日非遗技艺精品暨传统手工技艺作品展。

2015年10月29日，参加上城区湖滨街道国际邻居节活动旗袍走秀。

2016年4月15日—18日，参加浙江省非物质文化遗产传统工艺品及相关衍生品设计大赛。

### 三、媒体报道

#### 1.报纸报道

1985年10月2日，《北京市百货大楼、杭州利民中式服装厂联合经销织锦缎女丝棉袄》（《北京日报》）

1996年6月12日，《杭州利民中式服装厂大胆改革创出市场》（《浙江工人日报》）

1997年1月31日,《请给"利民"留一席之地》(《经济生活报》)

1998年2月28日,《"利民"参加98年杭州丝绸产品贸易洽谈展销会》(《杭州丝绸报》)

1998年3月19日,《中式服装亮新姿》(《经济生活报》)

1999年4月4日,《中式时装内外旺销》(《浙江科技报》)

1999年7月17日,《利民中式服装厂靠改制脱贫致富》(《杭州日报》)

1999年7月25日,《改制使利民厂充满活力》(《杭州丝绸报》)

1999年9月13日,《五十年嫁衣变变变》(《钱江晚报》)

1999年10月29日,《牵挂那个时代》(《经济生活报》)

1999年12月16日,《中式服装穿出新潮》《杭州日报(下午版)》

2000年1月25日,《利民厂创利润突破118万元》(《杭州丝绸报》)

2000年3月22日,《利民卧薪尝胆成为丝绸业佼佼者》(《杭州日报》)

2000年9月20日,《把美丽的印象留给香江》(《钱江晚报》)

2001年2月25日,《利民中式服装厂形势喜人》(《杭州丝绸报》)

2002年4月13日,《这件中华衫就是给朱总理定制的》(《今日早报》)

2002年11月11日，《唐装面料前程似锦》（《钱江晚报》）

2003年9月12日，《最美是旗袍》（《杭州日报》）

2004年1月9日，《利民中式服装厂产品》（《服装时报》）

2008年8月5日，《15套奥运演出服已基本完工》（《每日商报》）

2008年8月19日，《浙江老字号发力奥运舞台》（《市场导报》）

2010年6月13日，《一个传承人的文化遗产日》（《钱江晚报》）

2010年7月23日，《姚明在老厂里订了一身唐装》（《钱江晚报》）

2011年6月9日，《杭州新增10项"非遗"项目进入国家队》（《杭州日报》）

2011年6月14日，《离市中心越来越远的"振兴祥"》（《钱江晚报》）

2011年6月28日，《上城区"振兴祥中式服装技艺"被国务院公布为第三批国家级非物质文化遗产名录》（《风雅上城报》）

2011年7月18日，《上城一中式服装技艺入国家非遗》（《杭州日报》）

2011年7月19日，《"振兴祥"入选第三批国家级非遗名录》（《上城报》）

2011年7月27日，National Cultural Heritage Tailor Shop Hopes on Crafting a Comeback（《上海日报》）

2011年7月28日,《振兴祥服装技艺入选国家非遗名录》(《今日早报》)

2011年7月28日,《上城一中式服装技艺入选国家非遗》(《风雅上城报》)

服装展示

2011年9月21日,《最正宗的唐装旗袍做法在杭州》(《都市快报》)

2011年12月3日,《金富春杯首届中华嫁衣大赛完美谢幕》(《杭州日报》)

2012年5月3日,《且看蜗居城郊结合部的百年老店》(《杭州日报》)

2012年5月7日,《一技功成岂偶然,天分人力两相连》(《杭州日报》)

2013年6月8日,《一个中式服装厂的不确定突围》(《钱江晚报》)

2014年4月18日,《一家中式服装厂"逆袭成长"》(《杭州日报》)

2014年6月15日,《一家中式服装厂的博物馆梦想》(《钱江晚报》)

2014年7月31日,《振兴祥中式服装技艺简介》(《风雅上城报》)

2014年9月24日,《逛绸缎庄现场做旗袍》(《都市快报》)

2015年2月12日,《振兴祥中式服装技艺入驻杭州大厦》(《风雅上城报》)

2015年3月27日,《杭州旗袍姐姐秒杀相机内存》(《温州

商报》)

2015年5月16日,《这一刻,见证"旗迹"》(《杭州日报》)

2015年5月16日,《振兴祥中式服装　留住中国古典美》(《上城报》)

2015年6月12日,《92岁的中式服装厂新弄了微信,实在没有时间更新》(《钱江晚报》)

2015年6月25日,《"非遗"走秀》(《杭州日报》)

2015年10月13日,《旗袍音乐剧,伢儿唱摇滚》(《钱江晚报》)

2015年11月12日,《师傅带徒弟　"非遗"有传人》(《杭州日报》)

2015年12月10日,《百年老字号"振兴祥"重回闹市区》(《杭州日报》)

2015年12月10日,《118年老字号"振兴祥"回来了　不像服装店更像博物馆》(《钱江晚报》)

2015年12月28日,《利民要做中式服装的香奈儿》(《浙江老年报》)

2016年3月2日,《杭州"振兴祥"重回闹市　老店新开续传奇》(《浙江日报》)

2016年5月4日,《长衫短袄红嫁衣》(《杭州日报》)

2016年6月16日,《不做微店、不招新人、不要加盟　119年老字

号"振兴祥"有自己的坚持》(《钱江晚报》)

**2.杂志刊登**

《利民唐装很中国》,载《中华老字号》2009年第6期。

《为了中华儿女的尊颜》,载《文化月刊》2009年12月刊。

《国服经典,杭州利民》,载《中华老字号》2014年第1期。

《振兴祥:新时代下的工匠精神》,载2016年5月《品牌上城》G20专刊。

《振兴祥专题报道》,载《中华老字号》2016年8月G20杭州峰会特别专刊。

**3.电视台报道**

2005年6月17日,浙江经视频道《创富》栏目作了《创富榜样》的专题报道。

2008年9月,华数《生活品质》栏目作了《民族的才是世界的》专题报道。

2011年8月,浙江影视娱乐新蓝网《快乐一点通》播放了《中式服装》专题报道。

2011年9月,杭州电视台播放《美丽国粹——旗袍》节目。

2012年7月10日,杭州西湖明珠电视台拍摄了专题片《杭州工艺传人——包文其和杭州利民中式服装厂》。

2012年12月27日,杭州电视台4套拍摄非物质文化遗产专题片

《旗袍》，于2013年1月18日在杭州电视台4套播出。

2013年9月，浙江影视娱乐新蓝网《快乐一点通》播放了《振兴祥中式服装制作技艺》专题报道。

2013年10月，浙江省文化厅《美丽非遗》栏目第33期播出杭州利民中式服装厂专题报道《忆霓裳》。

2013年11月14日，杭州电视台《老字号》栏目组拍摄专题纪录片《杭州利民中式服装厂——振兴祥中式服装制作技艺》，于2013年12月在杭州电视台2套播出。

2013年12月9日，杭州电视台拍摄专题片《老底子的服装》，并于2013年12月在杭州电视台4套播出。

2014年1月9日，杭州电视台2套播出阿六头来本厂青年路门市部拜年的专题片《阿六头拜年》。

2014年1月26日，杭州电视台4套《杭儿风》栏目播出康师傅来本厂拍摄的专题片《定制服装》。

2014年11月19日，浙江电视台5套《非常传家宝》栏目播出专题片《旗袍——体现你独有的美》。

2015年10月4日，杭州电视台3套《我和你说》栏目播出青年路振兴祥门市部重新装修后开张的预告。

2015年12月8日，杭州电视台3套《我和你说》栏目播出青年路振兴祥门市部重新开张的新闻。

  2015年12月10日，杭州电视台2套《阿六头说新闻》栏目播出青年路振兴祥门市部重新开张的新闻。

  2016年3月11日，杭州电视台1套财经频道《第一线》栏目播出对青年路振兴祥门市部的介绍。

  2016年4月14日，杭州电视台生活频道制作关于振兴祥中式服装制作技艺的非遗系列专题片。

# 附录

## [壹]振兴祥中式服装与名人名家

　　利民中式服装厂曾为宋美龄女士定制过金丝绒旗袍，为邓小平夫人卓琳女士和陈云夫妇制作九霞缎丝棉袄及丝棉背心等，为多位驻外使节夫人设计制作用于外交场合的各种旗袍礼服。著名曲艺表演艺术家马季先生对利民的中式服装十分赞赏，利民服装厂为他制作了一件用于舞台表演的长衫后，他非常满意，特地写下"扬吾民族正气，兴我中华之光"予以勉励。

　　2002年，博鳌亚洲论坛首届年会在海南召开。利民采用独特工艺，为出席会议的二十多个国家和地区的领导人制作了"博鳌中华

"西湖十景"旗袍

衫"，让与会政要对中式服装留下了美好印象。

2005年，著名美籍华人陈香梅女士为拜会国家主席胡锦涛，特地赶到利民定做了四套中西式套装。

2008年，胡锦涛主席为款待各国政要举办的国宴中所用的茶道表演服，均来自利民中式服装厂，充分展现了中式服装的神韵和振兴祥精妙的工艺水平。

2012年10月，文化部非遗司屈盛瑞副司长来到利民中式服装厂，进行考察指导。

### [贰]大事记

1916年，翁泰校进入杭州市湖墅宝庆桥新码头金德富成衣铺，拜金德富为师，学习制衣技艺。

1932年，翁泰校在杭州市吴山路27号开设振兴祥成衣铺，制作旗袍、长衫、马褂等中式服装。

马季题词

1956年1月，振兴祥成衣铺实行公私合营，和十余家成衣铺合并，更名为"杭州利民中式服装供销生产合作社"，隶属于上城区手工业联合社。

1958年1月，更名为"杭州利民中式服装生产合作社"。

1971年1月，与勤朴生产合作社、新民生产合作社合并，成立"杭州利民中式服装厂"，为集体所有制企业，隶属于上城区服装公司。

1972年5月，更名为"利民中式服装店"，为全民所有制企业。

1978年8月，划归杭州市服装公司领导。

1980年，成为浙江省丝绸公司首家生产外销"飞松""长寿"等名牌中式服装的厂家。

1982年1月，经杭州市财办同意，恢复原名"杭州利民中式服装厂"，沿用至今。

1985年，利民的中式女棉袄在北京王府井百货大楼一炮打响，引来众多顾客抢购。同年利民产品获得"浙江省商业系统最佳产品"和"浙江省优质产品"两项称号。

1987年3月，划归杭州市丝绸工业公司领导。同年，获得商业部"部优"产品称号，这是迄今为止中式服装获得的最高奖项。

1989年，为中国丝绸进出口总公司起草制订了丝绸中式服装制作的部颁标准。

1992年，受中央电视台委托，为在香港举办的中国历代旗袍表演展特制了八十六套旗袍及配套首饰、道具等, 在香港引起轰动。

1992年, 利民产品被国家旅游局、轻工业局、商业局、纺织工业局联合授予中国旅游购物节旅游商品"天马奖"。

1997年, 代表中国服装参加电视片《中日韩三国服饰文化交流》的拍摄, 把中国的服装文化通过荧屏展现在世人面前。

1998年8月, 由全民所有制改为股份合作制。

1998年, 蒋桂福、蒋明两代人积累起来的振兴祥中式服装制作技艺汇编成书, 出版《东方旗袍》系列丛书。

2000年, 利民制作的中式改良旗袍获得中国国际设计与丝绸博览会金奖。

2001年, 被杭州市女装发展领导小组评为"2001年杭州市女装十强企业"。

2002年8月, 划归杭州市上城区发展改革和经济信息化局。

2004年, 被杭州市上城区人民政府认定为"重点发展企业"。

2004年9月, 因解放路道路拆迁, 搬迁到江城路水门南弄3号租用的厂房生产办公, 解放路门市部搬迁到青年路20号继续营业, 专门为中老年人定制服装, 并从事来料加工业务。

2008年, 为北京奥运会制作"青花瓷"和"粉色"两个系列、六个款式、近两百套颁奖礼服, 被誉为"会行走的中国瓷器"。

2008年, "振兴祥"被认定为首批"浙江老字号"。

2008年，振兴祥中式服装制作技艺被列入第二批杭州市非物质文化遗产代表作名录。

2009年，为第39届国际广告大会制作三千余套会服，并为国务院副总理专门定制会服，让世界各国广告界人士领略了中华民族丰富的服装文化。

2009年，振兴祥中式服装制作技艺被列入第三批浙江省非物质文化遗产代表作名录。

2009年，"振兴祥"被认定为首批"杭州老字号"。

2010年7月，租用江干区五堡四区50-1号的简易厂房，继续生产。

2011年5月，振兴祥中式服装制作技艺被国务院和文化部列入第三批国家级非物质文化遗产代表作名录。

2012年12月，包文其被认定为第四批国家级非物质文化遗产代

青年路门市部

青年路门市部和杭州大厦"印象国艺"专柜

表性传承人。

2013年8月，杭州利民中式服装厂被认定为首批杭州市非物质文化遗产生产性保护基地。

2014年，"振兴祥"被评为杭州市著名商标。

2014年12月，"振兴祥"品牌专柜入驻杭州大厦C座四楼"印象国艺"。

2015年，"振兴祥"被认定为浙江省"金牌老字号"。

2016年，"振兴祥"门市部被认定为"杭州特色休闲示范点"。

2017年1月，杭州利民中式服装厂被认定为第二批浙江省非物质文化遗产生产性保护基地。

# 主要参考文献

1. 华梅著：《中国服装史》，天津人民美术出版社，1999

2. 包铭新主编：《近代中国男装实录》，东华大学出版社，2008

3. 赵逸群编著：《中式服装制作技术全编》，上海文化出版社，2009

4. 崔荣荣、张竞琼著：《近代汉族民间服饰全集》，中国轻工业出版社，2009

5. 华梅、周梦著：《服装概论》，中国纺织出版社，2009

6. 袁仄、胡月著：《百年衣裳：二十世纪中国服装流变》，生活·读书·新知三联书店，2010

7. 桑林编著：《江南衣裳》，湖南美术出版社，2011

8. 薛雁主编：《华装风姿·中国百年旗袍》，中国摄影出版社，2012

# 后记

　　2011年5月，振兴祥中式服装制作技艺被国务院认定为国家级非物质文化遗产，我们既高兴，又感到责任重大。要把这一瑰宝保护、传承下去并发扬光大，任重而道远。

　　浙江省文化厅《关于做好"浙江省非物质文化遗产代表作丛书"第三批国家级非物质文化遗产名录项目编纂出版工作的通知》把"振兴祥中式服装制作技艺"列入出版计划。由于时间紧、任务重，各有关人员全力以赴、紧密配合，编著者不遗余力、精益求精，前后几易其稿，终于成书。今天，这本饱含着杭州利民中式服装厂全体员工以及非遗专家、学者和文化工作者心血的《振兴祥中式服装制作技艺》终于与读者见面了，我们深感欣慰。在编著过程中曾得到省非遗专家王其全、林敏等同志的大力帮助和指导，在此表示衷心的感谢。为本书提供宝贵资料者不一一罗列，在此一并致谢！

因水平有限，书中难免会有疏漏和不妥之处，恳请读者批评指正。

编著者

2016年10月

责任编辑：张　宇
装帧设计：薛　蔚
责任校对：朱晓波
责任印制：朱圣学


装帧顾问：张　望



**图书在版编目（ＣＩＰ）数据**

振兴祥中式服装制作技艺 / 包文其，丁尧强，李玉
编著. -- 杭州 ： 浙江摄影出版社，2016.12（2023.1重印）
（浙江省非物质文化遗产代表作丛书 / 金兴盛总主
编）
　ISBN　978-7-5514-1677-1


　Ⅰ. ①振… Ⅱ. ①包… ②丁… ③李… Ⅲ. ①服装工
艺—介绍—杭州②服装缝制—介绍—杭州 Ⅳ.
①TS941-092②TS941.6

　中国版本图书馆CIP数据核字(2016)第311077号

**振兴祥中式服装制作技艺**
**包文其　丁尧强　李　玉　编著**

全国百佳图书出版单位
浙江摄影出版社出版发行
　　地址：杭州市体育场路347号
　　邮编：310006
　　网址：www.photo.zjcb.com
制版：浙江新华图文制作有限公司
印刷：廊坊市印艺阁数字科技有限公司
开本：960mm×1270mm　1/32
印张：5.75
2016年12月第1版　　2023年1月第2次印刷
ISBN 978-7-5514-1677-1
定价：46.00元